花卉规范名称图鉴

一二年生花卉

中国林业花卉协会　主编
叶剑秋　编著

中国林业出版社

图书在版编目（CIP）数据

花卉规范名称图鉴．一二年生花卉 / 叶剑秋编著．—北京：中国林业出版社，2015.2

ISBN 978-7-5038-7837-4

I. ①花… II. ①叶… III. ①花卉－品种－图集 IV. ①S680.23-64

中国版本图书馆CIP数据核字(2015)第016570号

出　版：中国林业出版社（100009　北京西城区德内大街刘海胡同7号）
网　址：http://lycb.forestry.gov.cn/
发　行：中国林业出版社
印　刷：北京卡乐富印刷有限公司
版　次：2015年2月第1版
印　次：2015年2月第1次
开　本：880mm × 1230mm　1 / 32
印　张：5.5
字　数：170千字
定　价：39.00元

前　言

随着我国花卉产业的快速发展和花卉市场的日益繁荣，近年来，我国自行开发培育的花卉新品种不断增加，进口花卉品种更是花样不断翻新，但由于缺少权威统一的中文命名，目前国内各地生产和市场上的栽培花卉品种名称混乱，“同花异名”“异花同名”的现象十分普遍，严重影响了花卉科研、教学、生产、商贸和国内外交流，急需由权威专家加以统一规范；同时，由于花卉品种更新换代较快，栽培方式和技术也越来越先进，目前有关花卉栽培技术方面的专业书籍，难以适应花卉生产发展的需要，以致花卉生产者很难找到简单明了且有实用价值的花卉专业书籍，为了尽快提高花卉从业人员素质，有效促进国内外交流与合作，推动我国花卉产业长期健康发展，我们组织国内权威花卉专家和国内外很有影响的大型花卉生产销售企业领导和技术人员，历时多年共同精心策划编写了《花卉规范名称图鉴》丛书。在编著过程中，编写人员查询了大量国内外文献资料，广泛征求了各方面意见，几易其稿，最后由北京林业大学园林学院权威专家苏雪痕教授审阅定稿。

《花卉规范名称图鉴》丛书包括《花卉规范名称图鉴——木本花卉》《花卉规范名称图鉴——一二年生花卉》《花卉规范名称图鉴——宿根花卉》《花卉规范名称图鉴——球根花卉》4册。每册都力求涵盖目前国内外花卉生产和流通中的主要花卉新品种和实用栽培技术。该丛书图文并茂，力求使读者一目了然识别每一个花卉品种并掌握其规范的中、英、拉三种名称，同时了解其习性和栽培要点，便于广大读者查询和使用，是一本很好的实用手册和工具书。在此，衷心感谢所有为该书编著和出版付出心血和提供帮助的人们。

花卉产业在我国是一个新兴的产业，其知识体系还有待不断丰富和完善。随着花卉产业的不断发展，这套丛书也将进一步充实和完善。但愿这套丛书的出版能够在一定程度上对我国花卉业的发展起到推动和促进作用。由于时间和编著者的水平有限，错漏之处在所难免，真诚地希望广大读者批评指正。

《花卉规范名称图鉴》编委会

目　录

本书使用说明

本书在花卉种类的选择上着重于花卉产业中使用的花卉种类，一般都含有在市场上流通的园艺品种或常用的花卉种类，不涉及资源性的花卉植物原种。书中的内容主要为各类花卉从业人员提供图文并茂的花卉知识，包括花卉名称和花卉特性描述及常用品种。

中文名 我国的花卉发展历史悠久，幅员辽阔，同一种花卉各地叫法不同由来已久，尤其是近 30 年来，花卉的商贸活动发展迅速，花卉名称变得越来越混乱，统一花卉的名称十分必要。由于种种原因，我国至今还没有一个全国统一的花卉名称标准。本书中花卉的中文名称以林业部于 2000 年颁布的花卉名称林业行业标准为依据（以下简称“行标”），对目前广泛应用的花卉种类用照片对应，旨在形成统一的花卉名称。为了做到标准与实际使用的统一，对个别标准名称在实际交流中已不被使用的名称，将在标准名称后用圆括弧标出实际使用的中文名称，如“温室凤仙（非洲凤仙）”。由此可见，本书将中文名视为统一的花卉标准名称，即中文的花卉学名，希望能有助于花卉的科研、教学、生产、商贸和国内外的交流。每个中文名都用汉语拼音标注读音，将有助于外籍人士使用中文名，进一步增强其实用性。

别名 由于历史等原因，在我国一种花卉有多种名称的现象是客观事实，无法避免。本书将一些常用的名称列在别名中，既保留其存在，又有别于统一的中文名，结合照片对照来帮助花卉从业人员在交流中避免名称的混淆。

学名 在花卉的学术或商业活动中，每种花卉需要有一个准确的名称，才能实现有效的交流。花卉植物在全球范围内交流的范围越广，统一的名称越显得重要。早在 1753 年，瑞典植物学家林奈〔Carl von Linne (Linnaeus)〕已经意识到了这个问题，在其著作 *Species Plantarum* 中创立了双名法。在此基础上形成的“国际植物命名法规（*The International Code of Botanical Nomenclature*）”，经过了多次修订，一直延用至今。这个植物命名法规使植物学科在世界范围内的交流做到了植物名称的统一性和唯一性，对植物学科的发展起到了至关重要的作用。

花卉植物学名的基本组成为：属名 + 种加词（种名）+ 定名人，如 *Salvia farinacea* Benth，在实际使用中定名人常常被省略。植物学名的书写有着严格的规定。属名是以大写字母开头，用斜体或黑体书写。种加词以小写字母开头，用斜体书写。由此可见，花卉的学名是世界范围内开展花卉业务交流所用的合法名称，本书所列的学名以我国的"行标"为基础，并比对英国皇家园艺学会 1994 年出版的园林植物索引词典（*RHS New Dictionary Index of Garden Plants*）。

学名的读音 学名的读音在花卉日常交流中必不可少，不同于学名的定名和书写。学名的读音虽然有其读音规则，主要是用拉丁文和部分古希腊文的读音，许多涉及人名和地名的也有特殊发音，但在实际交流中并没有被强行执行。大多数欧美花卉从业人员会将学名按其母语为基础来发音，有时一个词会有几个接近的发音是常有的事，久而久之就形成了目前的发音，以不影响交流为原则。这种实际的发音方法对于我国的花卉从业人员来说是非常困难的。掌握学名的读音关键是音节的划分和元音的发音，尤其是重读音节。本书对学名进行了标音，每个词有音节划分，并用斜体标出重读音节。为了帮助读者掌握元音的发音，表 1 将传统的拉丁文中元音的发音对应在英文单词中该字母的读音以及对应的英文国际音标的发音。这些标音不是强制性的读音规则，主要是帮助读者按欧美地区人士的发音方法去掌握学名的发音，以达到交流的目的。

同义名 指与学名同等意义的拉丁名。植物学名的唯一性使得学名的变化受到了限制，但植物学家在对植物的研究过程中会发现需要改变学名。由于植物分类系统或命名系统的原因造成 2 个学名被用到同一植物时，按优先原则，较早的被认定为学名，其他的为同义名（Synonym）；还有当某种植物被认为需要合并或拆分到不同的属下时，其属名变化而形成新的学名，原来的学名就视为同义名。由于这种现象在花卉植物中较多，本书中的学名以"行标"为基础，并比对英国皇家园艺学会 1994 年出版的园林植物索引词典（*RHS New Dictionary Index of Garden Plants*）罗列了常见的同义名。

英文名 花卉的英文名同中文名一样，没有统一的规则，一个花卉有几个名称的也很普遍，本书选取了一些常见的英文普通名称供从业人员参考。用学名的属名直接用作英文名的趋势越来越多，本书中英文名缺省的大多属此，注意其读音就按英文的发音进行。

园艺品种 花卉业的发展，是植物学科的一部分，更加注重园艺品种

表 1 拉丁文发音与国际音标、英文发音对照表

学名中拉丁文字母	学名标音符号（字母）	国际音标发音	对应在英文单词中的发音
a	a	ə / a:	*canal, last*
	a / ă	æ	*cat*
ay	ay	ei	*take*
e	e	e	*let*
ee	ee	i:	*tea*
ew	ew	ju:	*few*
eur	eur	juə	*pure*
g	g	g	*gate*
i	i	i	*in*
ie	ie	ai	*kite*
j	j	j	*jam*
c	k	k 或 s	*kite*, 或 *cell*
o	o	ɔ	*hot*
	o / ō	əʊ	*note*
oi	oi	ɔi	*boy*
our	our	ʊə	*pour*
ow	ow	aʊ	*how*
s	s	s	*this*
th	th	θ	*thin*
	tH	ð	*this*
u	u	u:	*full*
	u / ū	ʌ	*tub*

的植物材料，但花卉的名称在学术和产业内的交流同样需要一个准确的名称，即可以用来交流的统一性的名称。针对园艺品种，“国际栽培植物命名法规”于 1959 形成，并规定了 3 类栽培品种：栽培品种、栽培品种组、园艺杂交品种。

（1）栽培品种 (cultivar) 常用 cv 表示。栽培品种名常用单引号标注，单个或数个词组成，每个词均以大写字母开头，用正体书写。如 *Pieris japonica* ‘Bert Chandler’。

（2）栽培品种组（group），用来表示同种（包括杂交种）内的一组相近品种，或亲本不明的杂交品种。栽培组名称与栽培品种的书写规则相仿，但不用单引号，以 group 结尾，有时放在圆括号内以区分栽培品种名。如：*Brassica oleeracea* Tronchuda group

（3）园艺杂交品种（hybrids）的产生有 3 种情况：野生状态的杂交、栽培过程中非人为的杂交和人为有目的的杂交。杂交品种的命名方法是统一的。绝大多数的品种是种间杂交种（interspecific），书写时在种加词前用“×”表示，如 *Mahonia japonica* × *Mohonia lomariifolia* 的种间杂交种写成 *Mahonia* × *media*。也有直接在 2 个种加词之间加“×”符号，如 *Dianthus chinensis* × *barbatus*。另外一种是属间杂交种，书写时是在杂交的属名前加“×”，如 ×*Solidaster* 是 *Solidago* 和 *Aster* 2 个属杂交而成。

花卉特性

本书对列举的常用花卉，在规范名称的基础上提供了每种花卉的必要信息供从业人员参考。这些信息包括：花卉的植物分类上的科属、产地，花卉的形态描述、繁殖要点、栽培指南和花卉的园林用途。有关详述请参阅本书中“概述”。

习性图标，本书花卉特性部分对其关键性的习性、温度和光照采用图标，提供一目了然的信息。

光照图标：阳光充足 

耐疏阴 

耐阴 

温度图标：耐寒（最低温 0℃以下）

半耐寒（最低温 0℃）

不耐寒（最低温 5℃左右，即有霜）

概　述

一二年生花卉的基本概念

一二年生花卉是指整个生活史在一年内完成的草本观赏植物。一年生花卉通常指不耐寒的种类，宜在春暖季节播种，夏秋季节生长、开花。二年生花卉通常指耐寒的种类，包括冬季小苗需保护地越冬的半耐寒性种类，可以在秋季播种，第二年早春至初夏开花。通常指的春播秋花类（一年生花卉）和秋播春花类（二年生花卉）的区分是根据植物的习性、有利于栽培管理的原则进行的，因而具有明显的地区性。南方温暖地区，这两类花卉的界线就不明显。中纬度地区，如我国的长江中下游地区就有明显的分别。北方较寒冷地区常以春播夏、秋花类为主。目前，花卉生产与花卉市场上的一二年生花卉实际是指所有按一年内完成生活史的草本观赏植物，即包括了一年生植物、二年生植物和部分多年生植物作一二年生花卉栽培的种类。

一二年生花卉的育苗技术

穴盘苗生产是现代花卉生产发展的产物，由于其技术要求严格，设备投资大，规模生产要求高等等因素，这项生产必须是专业化的，它也是花卉育苗生产的方向。专业花卉种苗生产应提供高质量的种苗。穴盘苗具有以下特点：整齐度高即大小均匀、整齐一致；种苗紧凑，不徒长；苗生长健壮，没有开花株；根系完好健壮；种苗没有病虫害。

其栽培技术管理的原则是将整个育苗过程分成若干阶段，尽量做到事先了解（通过测试、观察）来控制以达到最佳的结果。主要的技术包括以下几个方面。

花卉种子的类型 现代花卉园艺生产中，花卉生产性育苗的种子必要采用专业生产的种子，不得使用未经专业生产（来源不明）的种子和自行采收的种子。花卉种子生产是一项技术含量很高的生产过程。高质量的种子是指种性纯、芽率高、芽势强的种子。目前，此项生产已高度专业化，形成了适合各种需要的花卉种子的产品类型。

1. 原型种子（raw seed）：种子采收后，除清洁外未经其他加工的种子。

2. 去尾种子（detailed seed）：种子采收后，经加工处理，使种子清洁并更有利于播种操作。常见的如除去菊科花卉种子的冠毛。

3. 丸粒化种子（pelleted seed）：常用于特别细小的花卉种子，在其外面粘合一层泥土之类的物质，改变种子形状，种子颗粒增大便于播种操作。

4. 催芽的种子（primed seed）：在一定的温度条件下，经化学物质或水的催芽处理，使胚根萌动状态的种子。大大提高种子的发芽率和出苗整齐度。

5. 包衣的种子（coated seed）：常在种子的表面涂上一层杀菌剂或普通的润滑剂，一般不改变种子的形状。种子更清洁同时又可使种皮软化，防治小苗生长过程中病菌的侵害，有助于播种操作。

花卉种子的计量单位及大小 花卉种子的常用计量单位是克 (g)、千克 (kg)、粒 (sds)。花卉种子因种类不同而有大小之别，种子大小按每克粒数分成以下几类。

1. 大粒种子：每克数十粒，在 100 粒以内的种子。如牵牛。

2. 中粒种子：每克约在 100 ～ 1000 粒的种子。如一串红、石竹类。

3. 小粒种子：每克约 2000 ～ 8000 粒的种子。如非洲凤仙、一点缨。

4. 细小粒种子：每克约 10000 ～ 250000 粒的种子。如四季秋海棠。

花卉种子的清洁与包装 种子采收后连株或连壳在通风处阴干，去杂、去壳、清除各种附着物，再经种子外形质量检验。常用风选、色选和粒选等方法。

1. 风选：利用各种花卉正常种子的重量，通过风力将优质种子和劣质种子包括一些杂物分开。传统花卉栽培中常用竹编畚箕人工进行，现代花卉栽培有专门设计的筛选种子的风车。

2. 色选：利用各种花卉种子的正常色质，经过一个摄像探头和电脑设定的正常种子的色质比较后选择。

3. 粒选：利用各种花卉种子的正常大小、形状，经过专门设计的筛子将符合标准的种子选出。

花卉种子的包装必须做到清洁、计量准确、真空密闭、防潮防湿，这项工作也是专业性的，直接影响到贮藏种子的质量。花卉种子的贮藏条件为干燥、密闭、低温、黑暗。少量的种子可放在家用冰箱内。大量的种子应贮藏在专门的仓库内，温度为 14℃，湿度为 40%，而且每隔一个阶段(如半年) 需要将库存种子进行一次发芽率测试，保证种子的质量。

播种育苗的介质 传统播种繁殖时，人们以自行配置的播种土壤（基质）进行育苗，而现代化的育苗生产要求采用专业公司配置的基质，选用专门的播种基质。只有专业配置的基质能够做到材料混合均匀，成分稳定并提供详细的成分组成和相应的指标数据，包括 pH 值、土壤中可溶性盐含量(EC 值) 和肥料元素(每个产品的包装袋上都有)。用于生产的基质必须经过测试（pH, EC 和肥料元素），在生产前必须了解基质的特性，还要在播种前了解基质的组成和主要的养分元素指标。如育苗一般要求起初的 EC 值为 0.5；pH 5.5 ～ 6.0。其他的养分指标也是小苗生长过程中施肥的必要依据。因此，专业的育苗生产应采用专业公司配置的基质，不建议自行配置播种基质。

保持育苗用基质良好的结构是指育苗用基质能提供种子发芽的水分，同时又能保持一定的通气性。育苗用基质的湿度保持是种子发芽和小苗生长的关键。目前常用颗粒较细的草炭（即纤维长度在 0 ~ 10mm）作为基质的主要成分。简单的判断方法是当基质用手抓握后没有明显的水流出，基质同时保持粘合状（不松散）。在我国绝大多数育苗场内的水分提供太多，水分过多是很难改善的。只有通过育苗用基质的结构改善才有利于育苗的水分管理。珍珠岩是改善基质结构的常用材料。通常珍珠岩在育苗用基质中的比例应在10%或以上。

播种的介质（左边）和覆盖的介质（右边）应区别配置

区分覆盖用基质和发芽用基质，通俗地讲就是播种用的土壤和播种后覆盖用的土壤是不同的。上面介绍的是播种用的土壤（基质）。播种后，根据种子的类型和花卉品种的特性，有些不需要覆盖如种子特别细小的种类，四季秋海棠、半边莲等；有些是发芽过程需要光照的种类，如金鱼草等。多数的品种播种后需要覆盖，而覆盖的土壤（基质）应有别于下面的育苗土壤（基质）常用各类粗细不同的蛭石。良好的覆盖土壤（基质）应起到这些作用：保持种子周边的湿度足够大，以便种子能良好地发芽；保护与保持下面育苗土壤（基质）结构的稳定，如避免土壤（基质）表层板结或产生青苔等不利于种子发芽的状况。

播种育苗的容器：穴盘　穴盘是现代化育苗用的标志性育苗容器（传统的苗圃不建议直接采用，穴盘的合理使用应有相应的设施配套），即有许多穴孔组成的育苗用容器。穴盘的材料有塑料和聚苯泡沫两种，其大小（外围尺寸）是相对固定的，通常有 54cm × 28cm，但每个穴盘的穴孔数不一样，分为 72 孔、128 孔、200 孔、288 孔和 512 孔等等。即穴孔数越多，每个穴孔的容积越小。当然穴孔深浅、穴孔结构都在不断地发展。除了选择耐用的材料外，就目前我国的育苗生产来讲，穴孔数是我们主要考虑的，即正确选用大小不同的穴盘。一般对于育苗周期长的，育苗较难的，小苗价值较高的宜采用较大穴孔的穴盘；反之育苗周期短的，育苗较易的，小苗价值较低的宜采用较小穴孔的穴盘。72 孔的穴盘可用于移植大苗用如仙客来；128 孔的穴盘可

不同规格的塑料穴盘

用于须经补苗，或用于生产苗龄较长，较大的苗；200 或 288 孔的穴盘可用于普通草花，不经补苗。

播种季节与发芽温度 播种季节与环境温度密切相关，大多数种类的种子发芽温度为 18 ～ 22℃。南方的播种季节限制较少。江、浙一带，四季分明的地区春季和秋季为宜。北方地区于早春在保护地中播种为主。温室等保护地，专业的种子发芽室只要能将温度调节得适宜便可全年播种。

现代花卉生产都采用播种机播种，在发芽室内发芽。播种机应注意播种的速度，以免覆盖不当影响出苗率。发芽室应保持湿度（95% ～ 100%）；温度稳定、均匀，如三色堇需要将发芽室的温度调节到 15 ～ 18 ℃，5 天后即可移入温室。注意不是有了发芽室就每次必用，如在 9 ～ 10 月份，播种的矮牵牛，其发芽温度为 24℃，发芽时间 2 天。这时外界的气温（温室）较易满足要求，就不必采用发芽室。加上矮牵牛的发芽需要光照，因此在温室内发芽则更易于管理。

播种前首先要准备装填好播种基质的穴盘，即装填的基质要均匀，松紧度合适，基质表面须压个洞以确保种子播在中央；除去多余的介质以保持穴盘表面清洁；保持基质湿润状有利出苗后的水分管理。要注意各种不同的播种设备的特点来控制。完全自动的播种机操作时需要随时检查设备的工作状态，保证其正常运转。半自动或人工操作的，需要注意工作的连续性，如湿润的介质不及时用，需要保持湿润等。

播种机装填介质操作时必须保持穴盘表面清洁

计算好种子的用量以及了解种子的类型。对种子的芽率必须做到事先清楚，老的库存种子必须在播种前进行测试。根据定单的大小、成苗的数量来确定用种数量。每穴播种的数量，通常是每穴一粒，也有每穴 2 粒如种子比较小的如四季秋海棠等种类，或种子芽率较低的种类如黄晶菊等。

根据育苗期限（lead time）安排好播种时间。不同的种类其育苗期限是不同的，如四季秋海棠 60 天，矮牵牛 40 天，万寿菊 20 天，三色堇 30 天，仙客来 90 天。影响育苗期限的因素很多，品种的不同、季节的不同、地区的不同等。专业的种苗生产商必须了解每个生产种类在一年内不同时期的育苗期限，这样才能安排好播种时间。

发芽 发芽室能保持种子良好发芽所要求的湿度，通常为 100%，提供稳定温度，并保持良好的空气流通，也能保证温度和湿度的均匀。如三色堇 15 ～ 18℃，5 天，催芽的种子 15℃，3 天；一串红 18℃，3 天；仙客来 18℃，21 天等。

生长 专业的种苗生产是按 4 个阶段来进行管理的，要点如下。

1. 第一阶段（播种至胚根长出）：种子萌芽后从发芽室内移到温室，穴盘移动（改变环境时），如移出发芽室或移入炼苗温室，包装时，均在傍晚或早晨进行。由于环境的差异，有时可以通过覆盖来过渡，提高成苗率和苗的质量。目前的覆盖材料有塑料薄膜和无纺布。在夏季气温高于 25℃时，或出苗期长的种类，建议用无纺布覆盖，方法是采用较薄的无纺布直接覆盖在穴盘上。无纺布可以防止高温的直接为害，温差小，透气保湿，保证种子周边有空气，可以直接浇水提供水分的需求。在气温低于 25℃时，特别是冬季，可以用塑料薄膜直接覆盖，适合用在出苗以前不需再加水的季节和种类。塑料薄膜的拱棚，易保

种子发芽室必须保持充分的湿度、合适的温度和良好的空气流通

种子发芽室有时要提供良好的光照

无纺布覆盖在穴盘上可以透气保湿，防止高温危害

温保湿，但温差较大，不利控制，易产生徒长苗。覆盖物在真叶展开后即可去除。

水分管理：保持基质充分湿润。灌溉用水须清洁、性状稳定（取水的水源要稳定）。供水要求充分，但尽量多次少量。注意太多的水分会封死表土，如出现青苔等，这样小苗得不到空气而停止生长。

肥料管理可以通过控制基质中的EC值，初期保持基质中的EC值为0.5。基质的测试是必要的。基质测试一般做3次：播种前；第三阶段施肥前；出圃前。

2.第二阶段（子叶展开）：基本同第一阶段。水分管理要控制湿度，防治出现青苔，尤其在低温的季节。肥料管理保持基质中的EC值为1.0。如基质中的EC值较低，这个阶段可以开始施肥，同时注意pH值的控制。每天给低浓度的肥料水，肥料种类很多，如四季秋海棠，美女樱，仙客来等常用20-10-20；三色堇和万寿菊常用15-0-15或5-11-26等。

3.第三阶段（第一张真叶展开）：降低生长的温度是本阶段的特点，特别是早晨的温度要低，同时除去覆盖物，提供较多的光照有助于防止徒长。对矮牵牛而言，可以移至温度较低的温室（区域）（16℃）。也就是说提前进入炼苗阶段，只要有可能，可以尽量提前进入炼苗阶段，有助于防治徒长，提高苗的质量。

处于第二阶段的一串红种苗

本阶段水分管理的关键是促进根系生长，通过干湿交替的方法，引诱根系生长。浇水需要观察天气和基质的水分情况定。防治浇水过多而难以及时排水，不利长根，生长缓慢，易产生病虫害等。因此建议不要一次浇水过量，在晴热的早晨浇水，下午和傍晚补水一定要控制水量。当对天气没有把握时，尽量先根据需要人工补水，只有当有把握时才使用水车喷林灌水。人

工补水时，注意避免用喷头直接冲向小苗，建议采用喷头斜向朝上的方法。

肥料管理：基质中的EC值为1.5 ~ 2.0，本阶段可以施肥了，在施肥前需要对基质测试一次，因为播种前的测试经过几天的生长可能有变化。然后决定施肥。如矮牵牛可以用20-10-20；而三色堇还用5-11-26+铁，即钾要高些；铵态氮（NH^{4+}）要低；钙和硝态氮（NO^{3-}）可以高些。

4.第四阶段（炼苗期）：本阶段的目的是提供健壮的种苗，主要任务是防止徒长。栽培措施上可以通过提供较低的气温（16℃左右），并保持较多的光照；水分控制，防治过湿，每天保持只供水一次；肥料管理主要是减少氮肥，增加钾肥，如常用5-11-26和15-0-15。必要时可使用矮壮素。矮壮素常用B9①，2000 ~ 3000μL/L；第2次可用B9加CCC②混合使用。另外关于DIF值来防止徒长：即日夜温差值，当DIF为负值时有利于控制徒长。但实际很难做到，只有在冬季才有可能。即在早晨日出前保持较低的温度，（这时的植株最易生长）可以有效地控制徒长。不要指望在中午的气温也低于夜温；在夏季，要做到早晨气温低于夜温也十分困难。

准备出圃发货的种苗应注意水分管理，即基质水分要足，保持叶面干燥；保持肥料充足。种苗栽培过程中的病虫害防治主要是通过保持环境的清洁，如及时除去杂草等，杜绝病虫害源等。但出圃前的种

处于第四阶段四季秋海棠的种苗

准备出圃发货的天竺葵种苗

①② 为矮壮素。

苗可以打一次杀菌剂如达科宁（百菌清）、灭蝇胺，早晨或晚上进行，用来防止病虫害。

一二年生花卉的栽植

一二年生花卉种植应选择地势高燥、阳光充足的地方种植，有利开花。应用时根据种植地方选择花卉种类往往比较容易，如在疏阴环境下可以选用非洲凤仙等耐阴性种类。那些土壤过于潮湿，养分严重缺乏的地区选择的种类十分有限，几乎没有什么种类能适应浓阴和干燥的环境。当立地条件差或大树根系密布的土壤、需要种植草花，可以采用作高的花台，或容器栽植。土壤要求选用疏松、排水良好、湿润、水气协调的肥沃土壤，pH 6.5 ～ 7 为宜。越来越多的种植者注意配制培养土，趋势也在向无土栽培方向发展，和盆花用土相似，并比较强调土壤消毒。

种植的时间宜在春季晚霜之后，或秋季早霜之前，以免植株受冻害。具体种植的时间取决于气候条件和植株的生长期。在无霜期较短的北方，冬季是土壤准备的时期，通常在土壤封冻以前翻耕土地，耕后经冬季低温可消灭部分病虫害和保蓄地下水分，可以在早春土壤解冻后开始。冬季温暖的气候，包括那些终年无霜或轻霜的地区，春、秋季节均可种植。

种植深度适当十分重要。一般保持原容器泥球的表面与土表面相平为宜。种植要确保根系充分伸展，根与土壤紧密结合。种植后应立即浇一次透水，第二天还必须再浇一次回头水。种植后一周内浇水相对要勤一些。株行距依种类而异，一般观赏栽培可密一些，留种栽培宜稀些。种植最好在阴天，无风的日子较好。否则，要用搭阴棚等防护措施。

除草及养护是传统草花栽培中的经常性工作。一般冬耕及土壤准备过程中往往要结合除草。除草必须除根。中耕除草与病虫害防治密切相关。病虫害防治的有效方法之一是保持环境清洁，并做好预防工作，一旦发现为害应及时灭除病虫为害源。

一二年生花卉的应用

一二年生花卉是花坛主体材料 花坛指绿地中应用花卉布置精细、美观的一种形式，用来点缀庭园。植物材料多见用一二年生花卉，部分球根花卉和其他温室育苗的草本花卉类，花坛花卉须随季节更换。花坛布置应选用花期、花色、株型、株高整齐一致的花卉，配置协调。花坛具有规则、群体、讲究图案（色块）效果的特点。

一二年生花卉是花境的补充材料 花境指绿地中树坛、草坪、道路、建筑等边缘花卉带状布置形式，用来丰富绿地色彩。花境植物以宿根花卉为主，布置形式以自然式为宜，应具有季相变化、讲究纵向图案（景观）效果的特点。一二年生花卉在花境中的主要作用是作为宿根花卉的枯叶期或花境的一些空隙处的补充材料，起到弥补与完善花境观赏性的作用。

开花地被 地被植物是花卉植物在园林中大面积应用的有效途径。成片栽种于绿地或高尔夫球场的布置草花的形式也是地被的一种，往往要求在阳光充足的开阔场地，具有很强的改善环境的作用；可有效增加绿化层次，形成完美的立体景观；养护简便，是费工少而经济有效的绿化手段。

绿地中的花丛 混合栽种的一二年生花卉，组成的花丛是绿地中应用草花

最容易，也是最常用的方法。这种方法也是屋前宅后的花园中布置草花最理想的方法之一。

篱笆花架上的应用 藤本性状的一二年生花卉，如牵牛、香豌豆等适合用于棚架上美化环境。

组合盆栽 将不同的花卉栽种于一个较大口径的花钵里，运用美学的原理，经过组合形成一个组合的盆栽。组合盆栽可以单独应用，也可以用大小不同的花钵组合在一起装饰。

组合盆栽可以用作美化居室环境中难以处理的场所，特别是庭园内常会有些不太雅观的场所，如水表、排水沟、窨井盖、垃圾箱等，可以用组合盆栽将其遮挡美化成一个小花园。

一些树荫下、树根旁往往难以处理，可以灵活地布置一组组合盆栽，选用一些耐阴性的花卉如非洲凤仙、三色堇等。另外，有些常不被重视的角落，也可以用组合盆栽来丰富居室环境，使其变得光彩夺目。

窗台花槽 窗台花槽是一种灵活性很强的微型花园。它主要用来装点窗沿、阳台。花槽内可用的植物种类丰富。春夏季节常用一些花坛草花、奇异的草类甚至蔬果类植物。秋冬季节需要更换一次植物以增强冬季的观赏性。

木质花槽使用方便，可选择一个颜色与环境协调的形式。各种形状或类型的花槽可以在冬季植物偏少时同样具有观赏性。窗台花槽另一个优点是养护相对于悬挂花篮来得简便。

悬挂花篮 包括花球和壁挂式，悬挂花篮是一种特殊的花卉组合盆栽，它会给人们带来无限的花卉应用空间和美感，远远超出一般的盆栽。一个成功的悬挂花篮，不仅有很长的观赏期，而且可以将一些很单调的生活环境变得丰富多采。

悬挂花篮可以应用的场所很多，门前屋下以及阳台露台。一二年生花卉在这里可以有新的使用机会，冬季的角堇、欧石楠以及常绿的观叶植物，还有早春的色彩丰富的球根花卉。

悬挂花篮的栽培养护要比盆栽、窗台花槽困难得多，尤其是夏季，但一旦获得成功却会给你带来无限的愉悦。

切花应用 插花艺术是一门植物装饰艺术，它将植物的自然美和人工的装饰美融为一体，把构图色彩和诗情画意集于一身。草花作为切花用于插花艺术也是一个重要用途。

各　论

心叶藿香蓟（藿香蓟）　xīn yè huò xiāng jì（huò xiāng jì）

【别　　名】大花藿香蓟，荷氏藿香蓟

【学　　名】*Ageratum × houstonianum*
[a-*ge*-ra-tum hew-ston-ee-*ah*-num]

【同 义 名】*Ageratum caeruleum*, *Ageratum mexicanum*

【英 文 名】Floss Flower

【科　　属】菊科，藿香蓟属

【产　　地】南美洲墨西哥

【特　　征】株高 20 ~ 50cm，整株被毛。叶对生，卵圆形，有锯齿，叶面皱褶。头状花序，呈缨状，花色有蓝色、淡紫、白色或淡紫红色。

【繁　　殖】播种，21 ~ 27℃，约 8 天发芽。

【栽　　培】宜种植在阳光充足的场所，能耐轻阴。半耐寒，生长适温 15 ~ 16℃。土壤以肥沃的腐叶土为佳，只要排水良好，无特殊要求，生长期供水充足。花后修剪可多年生栽培。花期 7 月至霜降或 4 ~ 5 月份。主要病虫害有蚜虫，根腐病。

【园林用途】花坛、盆花。

【园艺品种】'原野'（'Fields'），'蓝毯'（'Blue Blanket'），'夏威夷'（'Hawaii'），蓝色多瑙河（'Blue Danube'），'将军'（'Tycoon'）。

红绿草

hóng lǜ cǎo

【别　　名】五色苋，五色草

【学　　名】*Alternanthera bettzickiana*

[ǎl-ter-nan-*the*-ra bet-zik-ee-*ah*-na]

【同 义 名】*Alternanthera ficoidea*, *Alternanthera tenella*

【英 文 名】Calico plant

【科　　属】苋科，虾钳菜属

【产　　地】热带和亚热带地区

【特　　征】多年生草本，作一年生栽培的观叶植物，分枝多而密。叶对生，披针形，多裂，裂片全缘，常具有彩斑，叶色主要有绿、暗红、嫩红和黄等。腋生头状花序，色灰白不明显。

【繁　　殖】嫩枝扦插。3 月中旬将在温室过冬的母株移至阳畦内，加强肥、水管理，4 月即可剪取新枝在温床内扦插，5 ~ 6 月可露地扦插，盛夏时扦插必须遮阴。

【栽　　培】宜阳光充足，不耐寒，喜温暖，夏热高湿生长较快，一般冬季在室内保存母株。花坛内的五色苋必须适时修剪，否则过高，影响花纹的清晰；并及时供水，适量施肥，有助于花坛的观赏期延长。

【园林用途】作毛毡花坛、整形花坛。

蜀葵 shǔ kuí

【别　　名】一丈红
【学　　名】*Althaea rosea*
[ǎl-*thie*-a *ro*-see-a]
【同 义 名】*Alcea rosea*
【英 文 名】Hollyhock
【科　　属】锦葵科，蜀葵属
【产　　地】中国
【特　　征】多年生草本，二年生栽培，株高可达 2m 以上，全株被毛。茎直立，无分枝。叶互生，近圆形，掌状 3 ～ 5 或 7 裂，多皱，粗糙，有锯齿。花呈总状花序，花型有变化，花较大，径 10cm，花色有红、紫或墨红，双色、白，以及黄色等。花期 5 ～ 6 月。蒴果。
【繁　　殖】初秋播种，每克种子 100 粒左右，出苗容易。
【栽　　培】阳光要求充足，能耐一些阴。耐寒，能露地越冬，一般秋季要定植好。土壤要求深厚、肥沃、湿润；株行距较大，60cm × 60cm。主茎开花优势明显，故一般不能摘心，以免影响开花质量。作多年生栽培，可以在初秋留 15cm 左右，进行修剪，第二年春季生长，开花。
【园林用途】花境、花坛背景、切花。
【园艺品种】‘卡特’（‘Chater’），‘春庆’（‘Spring Celebraties’）。

三色苋 sān sè xiàn

【别　　名】雁来红，老少年，老来少

【学　　名】*Amaranthus tricolor* var. *splendens*
[ǎm-a-*rǎn*-thus *tri*-ko-lor]

【英 文 名】Joseph's Coat

【科　　属】苋科，苋属

【产　　地】温暖气候地区，各地均有栽培

【特　　征】一年生草本观叶植物，株高 60 ～ 80cm。茎直立，少分枝，红色。叶互生，椭圆形或圆卵形，锯齿明显，初秋顶叶鲜红色，观叶为 8 ～ 10 月。雁来黄 var. *bicolor* 茎绿色，顶叶于初秋变亮黄色。锦西凤（十样锦）var. *salicofolius*，幼茎暗褐色，初秋时，顶叶变成红、黄、绿三色，即：基部红，中间黄，先端绿。花甚小，成小型密集穗状花序，腋生，下垂，似尾状，白色或绿白。浆果。

【繁　　殖】播种，4 ～ 5 月进行。约 7 天左右出苗，株高 10cm 左右移植或定植。

【栽　　培】要求阳光充足，可使其嫩叶红色艳丽。不耐寒。耐干旱，耐碱性土壤，再生能力强，故栽培简便。但有时移植过迟，会生长不良。施肥不宜过多，以免生长过盛，叶色不艳。

【园林用途】夏季作花丛、花境，也可盆栽。

【园艺品种】'曙光'（'Aurora'）。

欧洲银莲花

ōu zhōu yín lián huā

【别　　名】五彩银莲花，银莲花

【学　　名】*Anemone coronaria*

[a-*nem*-o-nee ko-ro-*nah*-ree-a]

【英 文 名】Poppy Flowered Anemone, Windflower

【科　　属】毛茛科，银莲花属

【产　　地】欧洲南部

【特　　征】多年生草本，地下具分枝的块茎；夏季多雨的地区宜作一二年生栽培。株高 25 ～ 40cm，叶基出，羽状三出深裂，裂片多数狭长。花单生，花梗较长，无瓣花，雌雄蕊多数；萼片着色有白、红、深红、洒红、蓝紫、双色种，花色丰富。花期 4 ～ 5 月。

【繁　　殖】播种，介质需经消毒，要求湿度大些，发芽温度 15℃左右，7 ～ 14 天发芽。

【栽　　培】耐轻阴，夏季要求浓阴，3 ～ 4 月份，注意增加光照，以有利开花。半耐寒，生长适温 16 ～ 17℃。土壤以肥沃沙壤土为好，基肥要求很高，pH 6.8 ～ 7。花后枝叶枯黄时，掘取地下根茎，放在阴处，凉干，贮藏于沙中，以待种植。初秋定植，一般在 9 月份进行。

【园林用途】切花、花境。

【园艺品种】'蒙娜丽莎'（'Mona Lisa'）。

香彩雀

xiāng cǎi què

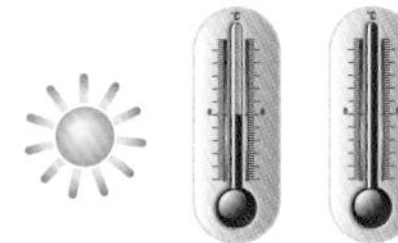

【别　　名】夏龙口

【学　　名】*Angelonia angustifolia*
[ang-ge-*lo*-ni-a ang-gus-ti-*fo*-lee-a]

【英 文 名】Summer Snapdragon

【科　　属】玄参科，香彩雀属

【产　　地】墨西哥和印度西部

【特　　征】多年生草本，株高 25 ～ 30cm。叶对生，披针形，先端尖，粗锯齿。总状花序顶生，主要花色有白、蓝色、紫色、淡紫。花期夏秋 8 ～ 11 月。

【繁　　殖】播种，种后不需覆盖。发芽温度 20 ～ 24℃，发芽天数 4 ～ 7 天，育苗周期 6 ～ 7 周。

【栽　　培】喜温暖，耐高温，对空气湿度适应性强，喜光。生长温度 18 ～ 26℃。湿度 90% ~ 95%。香彩雀分枝性好，整个过程不须摘心。播种到开花需 14 ～ 16 周。

【园林用途】香彩雀花朵虽小，但花型小巧，花色淡雅，花量大，开花不断，观赏期长，且对炎热高温的气候有极强的适应性，是优秀的夏秋季节的花坛、花境材料。

【园艺品种】‘热曲’（‘Serena’）。

金鱼草

jīn yú cǎo

【别　　名】龙口花、龙头花

【学　　名】*Antirrhinum majus*

[ǎn-tee-*ree*-num *mah*-yus]

【英 文 名】Snapdragon

【科　　属】玄参科，金鱼草属

【产　　地】欧洲

【特　　征】株高 30 ~ 80cm。茎直立，节不明显。叶对生，尤其基生叶，卵形，上部叶有互生或近对生，呈卵状披针形，全缘。总状花序；小花为唇形花冠；花色有红、粉红、黄、深红、桃红、橙黄、橙红、白、及套色（双色），有重瓣种，变化甚多。花期 5 ~ 6 月。

【繁　　殖】播种，发芽温度约在 20 ~ 22℃，10 ~ 14 天出苗。

【栽　　培】阳光要求充足，耐寒，温暖气温时生长迅速。生长适温为 12 ~ 16℃，夏季要求凉爽。土壤以疏松、排水性良好、肥沃为佳。

【园林用途】花坛、花境、悬挂花篮以及切花。

【园艺品种】高茎类：‘高贵’（‘Coronette’）。

中茎类：‘皇冠’（‘Crown’），‘诗韵’（‘Sonnet’）。

矮茎类：‘梦得高’（‘Montego’），‘调色板’（‘Palette’），‘花雨’（‘Flora Shower’）。

蔓生类：‘跳跳糖’（‘Candy Showers’）。

木茼蒿

mù tóng hāo

【别　　名】茼蒿菊，蓬蒿菊，马格丽特，椿菊

【学　　名】*Argyranthemum frutescens*

[ar-jy-*ran*-thee mum froo-*tes*-enz]

【同 义 名】*Chrysanthemum frutescens*

【英 文 名】Marguerite, Paris Dais

【科　　属】菊科，茼蒿菊属

【产　　地】美洲、大西洋群岛

【特　　征】多年生草本或亚灌木，株高 50 ~ 70cm，植株直立，分枝多，丛生性。叶对生或互生，二～三回羽状深裂，裂片细。头状花序，具有细长的花柄，花径约 5cm 花色白、舌状花常单轮，盘心花黄色。花期 4 ~ 6 月。

【繁　　殖】常秋季进行，选择半成熟的枝条扦插成活率高，小苗须在 0℃以上的冷室越冬。

【栽　　培】生长在阳光充足的场所，半耐寒，冬季冷床越冬。生长适温为 15 ~ 18℃，要求排水良好的土壤。栽培过程中可以通过摘心来增加分枝，培育良好株形的植株。

【园林用途】用作盆花，也适合组合盆栽或花坛应用。

荷兰菊 hé lán jú

【别　　名】青菀，紫菀

【学　　名】*Aster novi-belgii*

[ǎ-ster *no*-vie-*bel*-glee-ie]

【英 文 名】New York Aster, Michaelmas Daisy

【科　　属】菊科，紫菀属

【产　　地】北美洲东部，广布温带地区

【特　　征】多年生宿根草本，株高可达100cm左右，全株光滑。茎直立，基部木质化。叶互生，披针形，锯齿明显。头状花序，舌状花平展，条形花瓣，筒状花黄色；花色紫红为主，有淡蓝紫。花期夏、秋，以秋季为主。

【繁　　殖】扦插、播种、分株均可，繁殖容易。时间在春季，温室育苗。一般在4月下旬定植露地。

【栽　　培】阳性植物，要求阳光充足。性耐寒，可以露地过冬，但夏热不很适应。土壤要求肥沃、排水良好。定植株行距30cm×50cm。花前适当追肥。生长期摘心，可以使株型圆整、丰满，开花多。摘心以后一般约40天左右开花，所以8月中下旬为最后一次摘心，可在国庆节大量开花。目前，以盆栽见多，一般每年更新。 取嫩枝扦插。作宿根栽培，一般2年需更新一次。

【园林用途】盆栽、花坛、花境。

球根秋海棠

qiú gēn qiū hǎi táng

【别　　名】茶花海棠

【学　　名】*Begonia* × *tuberhybrida*

[bay-*gon*-ee-a tew-ber-*hib*-ri-da]

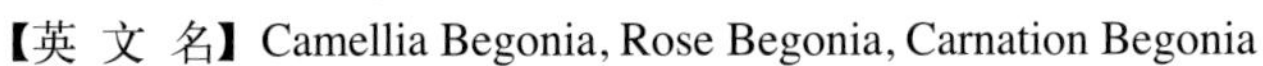

【英 文 名】Camellia Begonia, Rose Begonia, Carnation Begonia

【科　　属】秋海棠科，秋海棠属

【产　　地】南美洲

【特　　征】多年生草本，具有块茎。地上茎半透明肉质。叶互生，卵形至长卵形。聚伞花序，重瓣性，花朵美丽；花型丰富，花色红、粉红、黄、橙黄、白等。常在春季开花，夏季休眠。

【繁　　殖】分球繁殖，夏季收球贮藏，秋季种植。秋季播种，种子细小，不能覆土，发芽温度 22 ～ 25℃，需 12 ～ 16 天出苗，幼苗极小容易干枯。

【栽　　培】阳性，为长日照花卉。喜温暖，秋季保持 10℃以上，生长适温 18 ～ 20℃。土壤以腐叶土为佳，春季要求水分充足，开花后应减少浇水，逐渐保持干燥。夏季休眠期，挖掘块茎，贮藏于冷冻的场所。可以秋植。

【园林用途】盆花、花坛。

【园艺品种】‘永恒’（‘Nonstop’），‘高高’（‘GoGo’），‘彩饰’（‘Illumination’）；‘特内拉’（‘Tenella’）。

大花秋海棠

dà huā qiū hǎi táng

【别　　名】比哥秋海棠

【学　　名】*Begonia benariensis*
[bay-*gon*-ee-a bay-nah-ree-*en*-sis]

【科　　属】秋海棠科，秋海棠属

【产　　地】南美洲

【特　　征】株高 90 ～ 120cm，茎半透明肉质。单叶互生，长卵形，有锯齿，叶形大。聚伞花序，多花性，花朵特大，花径 5 ～ 8cm；花色白、粉红、洋红。花期全年。

【繁　　殖】播种，保持 22℃和较高的空气湿度，一般 14 ～ 21 天出苗。

【栽　　培】半阴性，耐光照；生长后期可以全光照。喜温暖，小苗初期可在 20 ～ 22℃条件下生长，以后可以降至 15℃，冬季最好维持 10℃以上。耐高温高湿。

【园林用途】花境、盆花、大型容器花卉。

【园艺品种】'比哥'（'Big'）。

龙翅秋海棠

lóng chì qiū hǎi táng

【学　　名】*Begonia hybrida* ‘Dragon Wing’
[bay-*gon*-ee-a *hib*-ri-da]
【英 文 名】Dragon Wing Begonia
【科　　属】秋海棠科，秋海棠属
【产　　地】南美洲
【特　　征】株高 30 ~ 60cm，茎直立呈半蔓性，生长旺盛，株幅达 50cm。单叶互生，长卵圆形，有锯齿。聚伞花序，多花性，单瓣或重瓣；花色粉红、红色。花期全年。
【繁　　殖】播种，保持 23 ~ 24℃和较高的空气湿度，一般 7 ~ 10 天出苗。
【栽　　培】半阴性，尤其在小苗期；生长后期可以全光照。喜温暖，小苗初期可在 20 ~ 22℃条件下生长，以后可以降至 15 ~ 18℃，冬季最好维持 0℃以上。幼苗对水分要求较高，包括空气湿度和土壤水分。本品种耐热性强，生长旺盛。
【园林用途】花坛、大容器栽培观赏，垂吊花篮。
【园艺品种】‘龙翅’（‘Dragon Wing’）。

四季秋海棠

sì jì qiū hǎi táng

【别　　名】瓜子海棠、蚬肉秋海棠

【学　　名】*Begonia semperflorens*

[bay-*gon*-ee-a sem-per-*flo*-renz]

【英 文 名】Begonia

【科　　属】秋海棠科，秋海棠属

【产　　地】南美洲

【特　　征】株高 30 ～ 60cm，茎半透明肉质。单叶互生，卵圆形，有锯齿。聚伞花序，多花性，单瓣或重瓣；花色白、粉红、洋红。花期全年。

【繁　　殖】播种，保持 22℃和较高的空气湿度，一般 14 ～ 21 天出苗。

【栽　　培】半阴性，尤其在小苗期；生长后期可以全光照。喜温暖，小苗初期可在 20 ～ 22℃条件下生长，以后可以降至 15℃，冬季最好维持 10℃以上。幼苗对水分要求较高，包括空气温度和土壤水分。

【园林用途】花坛、盆花。

【园艺品种】'尤里卡'（'Eureka'），'鸡尾酒'（'Cocktail'），'和谐'（'Harmony'）；'议员'（'Senator'），'超级奥林匹亚'（'Super Olympia'），'大使'（'Ambassador'），'巴特布'（'Bada Boom'），'巴特宾'（'Bada Bing'），'仙境'（'Fairy Land'）。

雏菊 chú jú

【别　　名】延命菊，春菊

【学　　名】*Bellis perennis*

[*bel*-is *pe*-re-nis]

【英 文 名】English Daisy

【科　　属】菊科，雏菊属

【产　　地】欧洲及亚洲西部

【特　　征】株高仅 15 ~ 20cm。基生叶，呈莲座状，叶匙形，叶柄明显。头状花序；花色为白、粉红、深红及双色种。花期 3 ~ 5 月。

【繁　　殖】播种，发芽温度为 21℃，10 天左右发芽。

【栽　　培】阳光要求充足。耐寒，生长温度 15℃以下。温度过高，重瓣性差。以肥沃湿润的土壤为佳。根系为须根系宜多移植，有利多开花。

【园林用途】花坛、花坛边饰、丛植点缀。

【园艺品种】'麦迪斯'（'Medicis'），'塔苏'（'Tasso'），'星河'（'Galaxy'）。

羽衣甘蓝 yǔ yī gān lán

【别　　名】叶牡丹、彩叶甘蓝、花菜

【学　　名】*Brassica oleracea* var. *acephala* f. *tricolor*
[*bră*-si-ka a-*kef*-a-la]

【同 义 名】*Brassica oleracea* ‘Acephala Group’

【英 文 名】Flowering Kale, Flowering Cabage

【科　　属】十字花科，甘蓝属

【产　　地】欧洲西部

【特　　征】株高30cm（花序高达120cm）。茎粗短、直立，无分枝，茎基木质化。叶宽大，倒卵形，波状皱褶，叶柄短而有翅；叶色具紫、红、黄等色，为主要的观赏部分。观赏期12月～翌年2月。

【繁　　殖】播种。

【栽　　培】阳光要求充足，耐寒性强，冬季适当减少施用氮肥能增加耐寒性。要求湿润，肥沃的碱性土壤。栽培时，幼苗期需要低温 −2 ～ −1℃，保持株型。

【园林用途】冬季花坛。

【园艺品种】

波叶类：‘东京’（‘Tokyo’），‘大板’（‘Osaka’），‘鸽子’（‘Pigeon’）。

皱叶类：‘名古屋’（‘Nagoya’），‘千鹤’（‘Chidori’）。

羽叶类：‘孔雀’（‘Peacock’），‘起重机’（‘Crane Red’）。

切花类：‘日出’（‘Sunrise’），‘日落’（‘Sunset’）。

蒲包花

pú bāo huā

【别　　名】荷包花

【学　　名】*Calceolaria* × *herbeohybrida*
[kal-kee-o-*lah*-ree-a herb-ee-o-*hib*-ri-da]

【英 文 名】Pocketbook Flower

【科　　属】玄参科，蒲包花属

【产　　地】墨西哥、智利，澳大利亚

【特　　征】株高 20 ～ 40cm。全株被茸毛，茎色绿，直立。叶对生，卵形。花顶生，多花性；花形奇特，唇形花冠，下唇膨胀呈蒲包状；花色有紫红、红、黄、白等均带不同色彩的斑点。花期 3 ～ 5 月。

【繁　　殖】秋季播种。

【栽　　培】阳性，不耐寒，冬季宜 10℃左右，保持通风，土壤要求排水良好；施肥，浇水不沾叶面。

【园林用途】盆花。

【园艺品种】‘优雅’（‘Dainty’），‘焦点’（‘Clou’）。

灌木蒲包花　guàn mù pú bāo huā

【别　　名】皱叶蒲包花
【学　　名】*Calceolaria integrifolia*
[kăl-kee-o-*lah*-ree-a in-teg-ri-*fo*-lee-a]
【英 文 名】Slipper Flower
【科　　属】玄参科，蒲包花属
【产　　地】南美洲、大洋洲
【特　　征】株高 40 ～ 50cm。全株被茸毛，茎色绿，直立。叶对生，卵形。花顶生，多花性；花形奇特，唇形花冠，下唇膨胀呈蒲包状；花色黄。花期 3 ～ 5 月。
【繁　　殖】秋季播种。
【栽　　培】阳性，不耐寒，冬季宜 10℃左右，保持通风，土壤要排水良好；施肥，浇水不沾叶面。
【园林用途】盆花。
【园艺品种】'阳光'（'Sunshine'）。

金盏菊

jīn zhǎn jú

【别　　名】金盏花、黄金盏

【学　　名】*Calendula officinalis*

[ka-*len*-dew-la o-fi-ki-*nah*-lis]

【英 文 名】Calendula, Pot Marigold

【科　　属】菊科，金盏菊属

【产　　地】欧洲南部地中海地区及亚洲西部

【特　　征】株高30～60cm。基生叶丛生，长椭圆状倒卵形，无柄；茎生叶互生，较小。头状花序，舌状花仅平瓣；重瓣性，花色黄、橙黄、浅黄。花期3～6月。

【繁　　殖】播种，发芽温度为21℃，10天左右发芽。

【栽　　培】阳光要求充足。耐寒，喜冷凉的夏季。不择土壤，适宜碱性土，以肥沃湿润为佳。

【园林用途】花坛、花境、切花。

【园艺品种】'棒棒'（'Bonon'），'黑眼'（'Calypso'），'禅宗'（'Zen'）。

翠菊 cuì jú

【别　　名】江西蜡、蓝菊、五月菊

【学　　名】*Callistephus chinensis*
[ka-*lee*-ste-fus chin-*en*-sis]

【英 文 名】China Aster

【科　　属】菊科，翠菊属

【产　　地】中国

【特　　征】一二年生草本，株高 20 ～ 100cm。茎直立。单叶互生，长卵形，1/3 以上有粗齿，基脉明显。顶生头状花序，苞片多层，花型变化极多；花色有堇紫、蓝、红、粉、白等多种。花期 7 ～ 10 月。

【繁　　殖】播种，发芽介质温度 21℃，一般 8 ～ 10 天发芽。

【栽　　培】阳光充足，苗期长日照，花芽发育为短日照。半耐寒，秋天播种，冬季冷床越冬。土壤要求一般，定植以后每半月施一次肥，花前扣水，有利开花。忌连作。

【园林用途】花坛、花境、切花。

【园艺品种】‘五彩地毯’（‘Colour Carpet’），‘流星’（‘Meteor’），‘阳台小姐’（‘Pot’N Patio’），‘时髦女郎’（‘Milady’）。

风铃草

fēng líng cǎo

【别　　名】钟花、瓦筒花
【学　　名】*Campanula medium*
[kǎm-*paln*-ew-la *may*-de-um]
【英 文 名】Canterbury Bells
【科　　属】桔梗科，风铃草属
【产　　地】欧洲中部
【特　　征】茎直立，30 ~ 120cm。基生叶呈莲状排列；茎生叶互生，椭圆状披针形，叶面粗糙。总状花序，钟形花冠，单瓣或重瓣；花有白、粉红、蓝色等。花期 5 ~ 7 月。
【繁　　殖】秋季播种，苗置于凉爽之地，蔽阴。
【栽　　培】阳性或半阴处。耐轻度霜冻，温暖气候生长良好。土壤要求腐植质丰富、排水良好而湿润，注意蚜虫和红蜘蛛为害。
【园林用途】花境或花坛背景。
【园艺品种】‘香滨’（‘Champion’），‘小夜曲’（‘Calycanthema’）。

柳叶风铃草

liǔ yè fēng líng cǎo

【学　　名】*Campanula persicifolia*
[kam-*paln*-ew-la per-si-ki-*fo*-lee-a]
【英 文 名】Campanula
【科　　属】桔梗科，风铃草属
【产　　地】欧洲中部
【特　　征】茎直立，30 ～ 120cm。基生叶呈莲状排列；茎生叶互生，披针形，叶面粗糙。总状花序，铃形花冠；花有白、蓝色等。花期 5 ～ 7 月。
【繁　　殖】秋季播种，苗置于凉爽之地，蔽阴。
【栽　　培】阳性或半阴处。耐轻度霜冻，温暖气候生长良好。花芽分化需要 4 周左右的低温春化。土壤要求腐植质丰富，排水良好而湿润。
【园林用途】花境或花坛背景。
【园艺品种】'太空'（'Takion'）。

五色椒

wǔ sè jiāo

【别　　名】观赏辣椒、指天椒、佛手椒、樱桃椒、珍珠椒

【学　　名】*Capsicum frutescens*

[*kăp*-si-kum froo-*tes*-enz]

【同 义 名】*Capsicum minimum*

【英 文 名】Tabasco Pepper

【科　　属】茄科，辣椒属

【产　　地】美洲热带

【特　　征】多年生草本，作一年生栽培。茎秆木质化，株高 40 ～ 60cm。单叶互生，卵形至卵状披针形。花小，白色。主要是秋季观果，浆果簇生枝端，有红、黄、白、紫等色。

【繁　　殖】播种，21 ～ 24℃，12 天发芽。

【栽　　培】阳性，通风良好环境。不耐寒，生长温度 18 ～ 21℃，有利结果，结果后可降至 15℃。土壤疏松，排水良好，施肥用氮肥和钾肥，结合灌溉时施入。

【园林用途】盆栽观赏。

【园艺品种】'爆发'（'Explosive'），'梦都莎'（'Medusa'），'红财宝'（'Treasures Red'）。

长春花

chǎng chūn huā

【别　　名】日日春、日日新、四时、五瓣莲、山矾花

【学　　名】*Catharanthus roseus*

[ka-tha-*ran*-thus *ro*-see-us]

【同 义 名】*Vinca rosea*

【英 文 名】Madagascar Periwinkle

【科　　属】夹竹桃科，长春花属

【产　　地】亚洲热带，我国南部也有分布

【特　　征】株高 40 ～ 60cm。茎较光滑，有白色和红色晕。叶对生，倒卵形，或椭圆形，全缘，光滑无毛，叶脉浅色。花单生或成对腋生，花冠为高脚碟型花冠；花色有粉红，白色，喉部常红色。花期 8 ～ 11 月。

【繁　　殖】播种，21 ～ 24℃，约 15 天发芽，种子发芽对水湿和温度敏感，不能水分过多，温度太低。

【栽　　培】阳光充足，不耐阴。不耐寒，喜温暖，10℃左右为最低温度；夏季炎热和干旱它照样能生长，开花。土壤要排水良好，必须防治积水。栽培时移植 1 ～ 2 次后，定植。摘心可以扩大株幅。

【园林用途】盆花、悬挂的盆栽。

【园艺品种】‘太阳风暴’（‘Sunstrom’），‘清凉’（‘Cooler’），‘太平洋’（‘Pacifica’），‘地中海’（‘Mediterranean’），‘卡拉’（‘Cora’），‘卡拉瀑布’（‘Cora Cascade’）。

鸡冠花

jī guān huā

【别　　名】球头鸡冠

【学　　名】*Celosia cristata*
[ke-*lo*-see-a kris-*tah*-ta]

【同 义 名】*Celosia argentea*

【英 文 名】Crested Cockscomb

【科　　属】苋科，青葙属

【产　　地】亚洲热带

【特　　征】一年生草本，株高 30 ~ 90cm，有矮茎、中茎、高茎之分。茎直立，多棱线，有粗糙感。叶互生，有柄，披针形至卵圆披针形，先端尖。肉质鸡冠肥大呈扁平状，花色以各种黄色、红色为主并有双色种；花期夏秋。

【繁　　殖】播种，21℃约 10 天出苗。

【栽　　培】阳光充足。不耐寒，耐热，生长适温 24℃，土壤不必太肥，以免徒长，pH 6.5 以上。要求排水良好，前期干燥促进开花，花蕾形成后，施肥。

【园林用途】花坛、切花。

【园艺品种】'宝盒'（'Jewel Box'），'朋友'（'Amigo'）。

凤尾鸡冠

fèng wěi jī guān

【别　　名】芦花鸡冠

【学　　名】*Celosia plumosa*

[ke-*lo*-see-a ploo-*mo*-sa]

【同 义 名】*Celosia cristata* var. *pyramidalis*

【英 文 名】Plume cockscomb

【科　　属】苋科，青葙属

【产　　地】亚洲热带

【特　　征】一年生草本，株高 30 ～ 90cm，有矮茎、中茎、高茎之分。茎直立，多棱线，有粗糙感。叶互生，有柄，披针形至卵圆披针形，先端尖。肉质鸡冠穗状花序，花色以各种黄色、红色为主并有双色种；花期夏秋。

【繁　　殖】播种，21℃约 10 天出苗。

【栽　　培】阳光充足。不耐寒，耐热，生长适温 24℃，土壤不必太肥，以免徒长，pH 值 6.5 以上。要求排水良好，前期干燥促进开花，花蕾形成后，施肥。

【园林用途】花坛、切花。

【园艺品种】'世纪'（'Century'），'和服'（'Kimono'），'仙童'（'Kewpie'），'城堡'（'Castle'），'新视野'（'Fresh Look'）。

矢车菊

shǐ chē jú

【别　　名】蓝芙蓉、翠兰
【学　　名】*Centaurea cyanus*
[kent-*ow*-ree-a see-*ah*-nus]
【英 文 名】Cornflower, Bachelor's Button
【科　　属】菊科，矢车菊属
【产　　地】欧洲南部、小亚细亚、以色利等地中海沿岸
【特　　征】株高 60 ~ 80cm，整株粗糙呈灰绿色。茎纤细直立有分枝。叶互生，线状披针形，羽状深裂，被柔软棉毛。顶生头状花序，具多数苞片，舌状花辐射状喇叭形；花色丰富粉红、白、玫红、蓝、深蓝；花期 4 ~ 5 月。
【繁　　殖】初秋 (8 ~ 9 月) 播种，幼苗略处低温。
【栽　　培】阳光充足场地种植。耐寒性强。通气良好、肥沃、湿润土壤，重黏土不宜栽种，要求排水良好。
【园林用途】花丛、花境、切花。
【园艺品种】'佛罗伦萨'（'Florence'）。

桂竹香 guì zhú xiāng

【别　　名】香紫罗兰，黄紫罗兰

【学　　名】*Cheiranthus cheiri*

[kay-ree-*an*-thus *kay*-ree]

【同 义 名】*Erysimum cheiri*

【英 文 名】English Wallflower

【科　　属】十字花科，桂竹香属。

【产　　地】欧洲南部。

【特　　征】二年生草本，株高 60cm。茎直立，分枝多。基部木质化；单叶互生，叶披针形，近无齿，叶面平展。总状花序较长，十字型花冠，花色黄、橙；花期 3 ～ 4 月份。角果。

【繁　　殖】秋季 9 月上旬播种。每克种子 750 粒，发芽温度 15C°。

【栽　　培】阳性，一般定植阳畦越冬。北方地区须加防寒。上海地区能耐寒，但不耐炎热的夏季。早霜来前，移植一次。生长适温 5 ～ 15C°。定植株行距：矮茎品种 25cm × 25cm，高茎品种 30cm × 35cm。春季天气转暖，生长很快，可以追肥、供水。本身有一定的分枝能力，也可以摘心，扩大株幅。

【园林用途】花坛、花境、切花。

【园艺品种】'爱达'（'Aida'）。

七里黄

qī lǐ huáng

【学　　名】*Cheiranthus* × *allionii*
[kay-ree-*an*-thus ah-lee-*on*-ee-ee]
【同 义 名】*Erysimum* × *allionii*
【英 文 名】Siberian Wallflower
【科　　属】十字花科，桂竹香属
【产　　地】欧洲南部
【特　　征】二年生草本，株高 60cm。茎直立，分枝多。基部木质化；单叶互生，窄披针形，锯齿明显，叶面皱。总状花序较长，十字型花冠，花色黄、橙；花期 3 ~ 4 月份。角果。
【繁　　殖】秋季 9 月上旬播种。每克种子 750 粒，发芽温度 15C°。
【栽　　培】阳性，一般定植阳畦越冬。北方地区须加防寒。上海地区能耐寒，但不耐炎热的夏季。早霜来前，移植一次。生长适温 5 ~ 15C°，可以追肥，供水。
【园林用途】花坛、花境。
【园艺品种】'赛俏娜'（'Citrona'）。

春白菊（牛眼菊） chūn bái jú (niú yǎn jú)

【别　　名】滨菊、龙脑菊、白花茼蒿、法兰西菊

【学　　名】*Chrysanthemum leucanthemum*

[kris-*anth*-e-mum lew-*kan*-thee-mum]

【同 义 名】*Leucanthemum* × *vulgare*

【英 文 名】Ox eye Daisy, Common Daisy

【科　　属】菊科，菊属

【产　　地】欧洲、亚洲、北美洲及大洋洲

【特　　征】多年生草本，作二年生栽培，高 30 ～ 100cm。直立，单生或稍有分枝。单叶，下部叶有长柄，倒披针形至长椭圆形，有齿芽缘；中部叶披针形。头状花序；舌状花单轮，白色；管状花黄色。花期 5 ～ 6 月。

【繁　　殖】秋季播种。

【栽　　培】阳性，耐寒，可露地越冬，不耐夏热，土壤要求排水良好。

【园林用途】切花栽培或庭园、绿地丛植。

小白菊（白晶菊） xiǎo bái jú (bái jīng jú)

【学　　名】*Chrysanthemum paludosum*
[kris-*ănth*-e-mum pahl-ew-*do*-sum]
【同 义 名】*Leucanthemum paludosum*
【科　　属】菊科，菊属
【产　　地】欧洲
【特　　征】二年生花卉，株高 30 ~ 50cm。茎直立，多分枝。叶互生，一~二回羽裂，卵形。头状花序，多花性，花白色，盘心花黄色。花期 3 ~ 4 月。
【繁　　殖】秋季播种。
【栽　　培】阳性，半耐寒，冷室越冬。
【园林用途】花坛、花丛。

大滨菊 dà bīn jú

【学　　名】*Chrysanthemum maximum*
[kris-*ănth*-e-mum *maks*-i-mum]
【同 义 名】*Leucanthemum* × *superbum*
【英 文 名】Shasta Daisy
【科　　属】菊科，菊属
【产　　地】欧洲、亚洲北部
【特　　征】多年生草本，作二年生栽培，枝高约 90cm。茎粗壮，直立。叶对生，倒披针形，有粗齿。头状花序，花径约 10cm，单生枝顶，盘心花黄色，盘边舌状花纯白色。花期春夏。
【繁　　殖】分株，早春进行。
【栽　　培】阳性，耐寒，耐热，宜石灰质土壤。
【园林用途】切花、花境。
【园艺品种】'白侠'（'White Knight'）。

黄晶菊 huáng jīng jú

【别　　名】月光菊

【学　　名】*Chrysanthemum multicaule*

[kris-*ănth*-e-mum moo-ti-*kow*-lee]

【同 义 名】*Coleostephus myconis*

【科　　属】菊科，菊属

【产　　地】欧洲

【特　　征】二年生花卉，株高 20 ~ 30cm。茎直立，多分枝。初期叶基生状，叶片较大，倒卵状披针形；茎生叶互生，叶片较小。头状花序，多花性，花单瓣金黄色。花期 3 ~ 4 月。

【繁　　殖】秋季播种。

【栽　　培】阳性，半耐寒，冷室越冬。

【园林用途】花坛、花丛。

醉蝶花

zuì dié huā

【别　　名】西洋白花菜、紫龙须、蜘蛛花、风蝶草

【学　　名】*Cleome spinosa*

[klay-*o*-mee spi-*no*-sa]

【同 义 名】*Cleome hassleriana*

【英 文 名】Spider Flower

【科　　属】白花菜科，白花菜属

【产　　地】美洲

【特　　征】一年生草本，株高 90 ~ 150cm，具腺毛。茎粗壮，直立。掌状复叶，小叶 5 ~ 7 片，小叶阔披针形，大叶柄基部具成对的托叶状刺。总状花序，花瓣常有爪，花丝长，伸出花外；花色雪青，有桃红及白色变种。花期 7 月至降霜。

【繁　　殖】以春播为主。

【栽　　培】阳性耐半阴。不耐寒，不择土壤，蚜虫较多。

【园林用途】花境、花丛。

【园艺品种】火焰（‘Sparkler’），‘皇后’（‘Queen’）。

彩叶草

cǎi yè cǎo

【别　　名】洋紫苏、锦紫苏、彩苏

【学　　名】*Coleus blumei*

[*ko*-lee-us *bloo*-mee-ie]

【同 义 名】*Solenostemon scutellarioides*

【英 文 名】Coleus

【科　　属】唇形科，彩叶草属

【产　　地】亚洲南部

【特　　征】一年生花卉，株高可达 30cm。茎方，对生叶，卵形，有锯齿，叶色丰富。总状花序，花小，白色带浅蓝。花坛品种宜选择宽叶，单色叶的品种。叶色有黄、橙、红、紫、粉等。

【繁　　殖】春季播种。

【栽　　培】阳性，或轻阴，不耐寒，排水良好的土壤，用摘心控制高度。

【园林用途】花坛、盆栽。

【园艺品种】‘奇才’（‘Wizard’）,‘墨龙’（‘Black Dragon’）,‘航路’（‘Fairway’）。

飞燕草

fēi yàn cǎo

【别　　名】鸽子花，千鸟草

【学　　名】*Consolida ajacis*

[kon-*so*-li-da *ay*-ja-kis]

【同 义 名】*Delphinium ajacis*

【英 文 名】Larkspur

【科　　属】毛茛科，翠雀属

【产　　地】地中海地区

【特　　征】二年生花卉，株直立，高 60 ～ 90cm。叶片 3 裂，裂片复细裂为线状小裂片。穗形总状花序顶生，花淡紫或蓝紫，栽培变种自白至玫红，有重瓣种及矮生种 (30cm)。花期夏末秋初。

【繁　　殖】播种，可以直播。

【栽　　培】阳性，耐半阴。半耐寒，但在北方温室早春（1 ～ 2 月）播种，仍需防冻，冷床育苗，生长温度 7 ～ 12℃。华中则可秋季直播露地。直根系，大苗移植困难，盆播时应在真叶展开时定植。

【园林用途】花境、切花。

【园艺品种】‘楷斯’（‘Kalsey’）。

大花金鸡菊 dà huā jīn jī jú

【别　　名】金鸡菊

【学　　名】*Coreopsis grandiflora*

[ko-ree-*op*-sis gran-di-*flo*-ra]

【科　　属】菊科，金鸡菊属

【产　　地】美洲

【特　　征】多年生草本，作二年生栽培，株高 60cm。基生叶倒卵形，基部楔形，全缘，上部叶羽状分裂，裂片条形至披针形。花腋生，花柄长，头状花序，舌状花黄色。花期夏秋。有重瓣品种。

【繁　　殖】播种，春、秋皆可繁殖。

【栽　　培】阳性，耐寒性，可以露地栽培。

【园林用途】花境、地被。

【园艺品种】‘朝阳’（‘Early Sunrise’）。

蛇目菊

shé mù jú

【别　　名】金线菊、金星菊

【学　　名】*Coreopsis tinctoria*

[ko-ree-*op*-sis tink-*to*-ree-a]

【英 文 名】Annual Coreopsis, Calliopsis

【科　　属】菊科，金鸡菊属

【产　　地】美洲和非洲北部

【特　　征】植株光滑，多分枝，株高 60 ~ 90cm。叶 2 回羽状深裂，裂较多，顶端裂片较大，披针形，全缘。头状花序多数聚成伞房花序；盘心花暗红色；舌状花黄而基部棕色，园艺品种近全金黄色，或近全褐色。花期夏秋，一般生长期较短；花期较早。

【繁　　殖】播种繁殖。春、秋皆可繁殖。

【栽　　培】阳性。半耐寒，不耐高温。

【园林用途】盆栽、花坛、花境。

波斯菊 bō sī jú

【别　　名】秋英、波丝菊、扫帚梅、大波斯菊

【学　　名】*Cosmos bipinnatus*

[*kos*-mos bi-pin-*ah*-tus]

【科　　属】菊科，波斯菊属

【产　　地】分布于北美洲及墨西哥

【特　　征】植株较高 1 ~ 2m。茎粗壮，主秆半木质化呈多棱状和沟纹，粗糙；嫩枝光滑。叶对生，二回羽状全裂，裂片细，线形；裂片全缘。头状花序，顶生或腋生，花梗长，较细；单瓣较多，花瓣先端有齿，花色有粉红、深红、白色。花期 9 月至霜降。

【繁　　殖】春播，4 月初播种，可以迟播，或分期播种。

【栽　　培】阳性。耐干旱。肥水过多会徒长，开花减少。生长习性健强。一般品种在秋初开花至霜降，如植株太高，可在夏季修剪。

【园林用途】组合盆栽、杂植树坛、切花。

【园艺品种】‘奏鸣曲’（‘Sonata’），‘凡尔赛’（‘Versailles’）。

硫华菊

liú huá jú

【别　　名】黄波斯菊、硫磺菊、黄芙蓉

【学　　名】*Cosmos sulphureus*

[*kos*-mos sul-*fewr*-ree-us]

【英 文 名】Yellow Cosmos

【科　　属】菊科，波斯菊属

【产　　地】分布于北美洲及墨西哥

【特　　征】一年生花卉，株高 60 ~ 90cm，全株有毛。茎较细，上部分枝多，并抽生花梗。叶对生，二回羽裂，裂片条形。腋生头状花序，舌状花黄色至橘红色。花期夏秋。

【繁　　殖】春播，4 月初播种，可以迟播，或分期播种。

【栽　　培】阳性。耐干旱。肥水过多会徒长，开花减少。生长习性健强。耐炎热，开花较多；一般品种在秋初开花至霜降，如植株太高，可在夏季修剪。

【园林用途】组合盆栽、杂植树坛。

【园艺品种】'金鸟'（'Ladybird'），'宇光'（'Cosmic'）。

鸟尾花

niǎo wěi huā

【别　　名】半边黄

【学　　名】*Crossandra infundibuliformis*

[kros-*ăn*-dra *in*-fun-dib-ew-lee-*form*-is]

【同 义 名】*Crossandra undulifolia*

【英 文 名】Firecracker Flower

【科　　属】爵床科，十字爵床属

【产　　地】亚洲南部

【特　　征】多年生草，作一年生栽培，株高 45cm。叶对生全缘或波状齿，狭卵形至披针形，基部楔形延长到叶柄。穗状花序，顶生或腋生，有短柔毛，花冠漏斗形有细管，裂片 5，花色橙黄、肉色或红色，花期夏秋。

【繁　　殖】播种繁殖。

【栽　　培】阳光充足，宜阳台栽种。耐高温，要求 18℃以上。盆土等量的园土、泥土、珍珠岩混合，水分要求较高，但不宜积水。

【园林用途】盆栽或花坛。

【园艺品种】‘热带’（‘Tropic’）。

大丽花

dà lì huā

【别　　名】大理花、天竺牡丹、洋芍药

【学　　名】*Dahlia pinnata*

[*dah*-lee-a pin-*ah*-ta]

【同 义 名】*Dahlia* × *hybrida*

【英 文 名】Dahlia

【科　　属】菊科，大丽花属

【产　　地】墨西哥地区

【形　　态】一二年生草花，具块根，株高 20 ~ 30cm。茎直立，中空。叶对生，具粗锯齿，奇数羽状全裂，裂片卵形。头状花序，花柄长，花萼反卷，花常侧向开放，花红、粉红、黄、橙黄、白色等。花期春季或夏秋。

【繁　　殖】秋季播种。

【栽　　培】阳性，半耐寒，排水良好的土壤。

【园林用途】花坛、花境、盆栽。

【园艺品种】'壁画'（'Fresco'），'花环'（'Harleguin'），'娇美'（'Mignon'），'费加罗'（'Figaro'）。

大花飞燕草

dà huā fēi yàn cǎo

【别　　名】大花翠雀、翠雀花、飞燕草

【学　　名】*Delphinium grandiflorum*
[del-*fin*-ee-um gran-di-*flo*-rum]

【同 义 名】*Delphinium chinense*

【英 文 名】Bouquet Delphinium

【科　　属】毛茛科，翠雀属

【产　　地】欧洲

【特　　征】多年生草本，作二年生栽培，株高 150 ~ 180cm。茎直立，丛生性强。单叶互生，掌状深裂，裂片条形，大小不等并有缺刻状条裂。总状花序，长达 50cm，花单瓣，半重瓣和重瓣；花蓝、白、粉红等色。花期春季。

【繁　　殖】播种，发芽温度以 21℃夜温，27℃昼温，约 18 天左右发芽。

【栽　　培】阳性，可耐半阴。半耐寒，冬季宜加防护，空气保持一些湿度，夏季高温不适应。生长期 10℃左右为宜。夏季要求凉爽，否则作二年生栽培。土壤要求排水良好，种植前应充分耕田，并施足基肥；土壤以中性或微碱性为好。直根系，忌移植。栽培中要注意防风，尤其在开花期。

【园林用途】切花、花坛、花境。

【园艺品种】'北极'（'Aurora'），'太平洋巨人'（'Pacific Giants'），'夏日'（'Summer'）。

须苞石竹 xū bāo shí zhú

【别　　名】五彩石竹、美人草、美国石竹

【学　　名】*Dianthus barbatus*
[dee-*anth*-us bar-*bah*-tus]

【英 文 名】Sweet William

【科　　属】石竹科，石竹属

【产　　地】欧洲、亚洲

【特　　征】二年生草花，植株高 40 ～ 60cm。直立性草本，茎光滑无毛，节部膨大，茎粗壮。单叶对生，披针形。聚伞花序，石竹型花冠，花朵小，苞片须状，花色以红、白为多。花期 4 月。

【繁　　殖】播种为主，介质温度在 21 ～ 27℃，约 8 ～ 10 天发芽。

【栽　　培】阳光要求充足，宜生长于通风良好的环境。耐寒，发芽后的幼苗宜移植到 10℃左右的环境下生长。土壤 pH 值不宜酸性；排水良好，以肥沃、轻质土壤为宜，供水应充分。

【园林用途】花坛、花境、切花。

【园艺品种】‘巴巴拉’（‘Barbarella’），‘戴安娜’（‘Diabunda’）。

中国石竹

zhōng guó shí zhú

【别　　名】洛阳花

【学　　名】*Dianthus chinensis*
[dee-*anth*-us chin-*en*-sis]

【英 文 名】Chinese Pink, Rainbow Pink

【科　　属】石竹科，石竹属

【产　　地】中国

【特　　征】二年生草花，植株较矮，仅 15 ～ 25cm，丛生型。直立性草本，茎纤细，分枝密，茎光滑无毛，节部膨大。单叶对生，叶线状披针形，无柄。聚伞花序，石竹型花冠，花色以红、白为多。花期 4 ～ 5 月。

【繁　　殖】播种为主，介质温度在 21 ～ 27℃，约 8 ～ 10 天发芽。

【栽　　培】阳光要求充足，耐寒，喜温暖，夏季要求冷凉。一般发芽后的幼苗宜移植到 10℃左右的环境下生长。排水良好，肥沃、轻质土壤为宜，供水应充分，及时摘除残花。

【园林用途】花坛、盆栽。

【园艺品种】'贵族'（'Aristo'），'超级冰糕'（'Super Parfait'）。

杂交石竹

zá jiāo shí zhú

【学　　名】*Dianthus chinensis* × *barbatus*

[dee-*ănth*-us bar-*bah*-tus chin-*en*-sis]

【英 文 名】Hybrid Dianthus

【科　　属】石竹科，石竹属

【产　　地】中国

【特　　征】二年生草花，植株较矮，仅 15 ～ 25cm，丛生型。直立性草本，茎纤细，分枝密，茎光滑无毛，节部膨大。单叶对生，叶条状披针形，无柄。聚伞花序，石竹型花冠，花色以红、白为多。花期 4 ～ 5 月。

【繁　　殖】播种为主，介质温度在 21 ～ 27℃，约 8 ～ 10 天发芽。

【栽　　培】阳光要求充足，耐寒，喜温暖；夏季要求冷凉，耐热。一般发芽后的幼苗宜移植到 10℃左右的环境下生长。以排水良好、肥沃、轻质土壤为宜，供水应充分，花后及时摘除残花有利再次开花。

【园林用途】花坛、盆栽。

【园艺品种】'侯爵'（'Marquis'），'节日（'Festival'），'完美'（'Ideal'），'繁星'（'Telstar'），'千叶'（'Chiba'）。

双距花 shuāng jù huā

【学　　名】*Diascia barberae*
[dee-*ǎ*-skee-a bar-*be*-ree-ie]
【英 文 名】Twinspur
【科　　属】玄参科，双距花属
【产　　地】南非
【特　　征】二年生草花，株高 25 ～ 35cm，丛生型。直立性草本，茎纤细，分枝密，茎光滑无毛。单叶对生，基部叶片较大，卵形至卵状椭圆形，叶缘具锯齿。圆锥花序，石竹型花冠，花色以玫红、粉红、紫和白为多。花期 4 ～ 5 月。
【繁　　殖】播种为主，介质温度在 18 ～ 21℃，采用清洁的播种介质，pH 5.5 ～ 6.1。约 4 ～ 6 天发芽。
【栽　　培】阳光要求充足，耐寒，喜温暖，夏季要求冷凉。16 ～ 20℃的环境下生长。排水良好，肥沃、轻质土壤为宜，EC 维持在 1.5 ～ 2.0。
【园林用途】花坛、盆栽。
【园艺品种】‘戴蒙特’（‘Diamonte’）。

马蹄金

mǎ tí jīn

【别　　名】蔓生马蹄金

【学　　名】*Dichondra argentea*

[*di*-kon-dra ah-gen-*tee*-a]

【科　　属】旋花科，马蹄金属

【产　　地】西欧及东亚

【形　　态】多年生草本，作二年生栽培。茎匍匐地面，或蔓生下垂。被短柔毛，茎节上生根。叶互生，心状圆形或肾形，全缘。花单生叶腋，花小，黄色，花冠钟形。蒴果近球形，种子 1 ～ 2 粒。

【繁　　殖】分株，或播种。

【栽　　培】半阴性，耐寒，喜湿润而含腐植质丰富的土壤。

【园林用途】常作地被覆盖植物。

【园艺品种】‘翡翠瀑布’（‘Emerald Falls’），‘银瀑’（‘Silver Falls’）。

毛地黄

máo dì huáng

【别　　名】自由钟、德国金钟、紫花毛地黄、洋地黄

【学　　名】*Digitalis purpurea*

[di-gi-*tah*-lis pur-pewr-*ree*-a]

【英 文 名】Common Foxglove

【科　　属】玄参科，毛地黄属

【产　　地】欧洲、非洲北部和亚洲西部

【特　　征】多年生草本，作二年生栽培，株高可达 180cm。茎直立，全株被毛。基生叶莲座状，叶卵状披针形，表面多皱，叶背网脉明显。顶生总状花序，花梗粗壮，小花筒状唇形花冠；花色紫、桃红或白色，下唇有斑点；花期 5 ～ 6 月。

【繁　　殖】播种，可以采用初夏播种，但要防治阵雨侵害，冬季略加保护，第二年春天可开花。

【栽　　培】阳性，耐半阴。半耐寒，冬季要加防护。土壤以肥沃，轻质疏松为宜。浇水、施肥不能玷污叶面。可以防治病害和烂叶。

【园林用途】花境、切花。

【园艺品种】'狐狸'（'Foxy'），'宫殿'（'Camelot'）。

异果菊 yì guǒ jú

【学　　名】*Dimorphotheca sinuate*
[di-mor-*fo*-thee-ka sin-ew-*ah*-ta]

【同 义 名】*Dimorphotheca aurantiaca*

【英 文 名】African Daisy, Cape Marigold

【科　　属】菊科，异果菊属

【产　　地】南非

【特　　征】二年生花卉，株高 30 ～ 50cm。枝条开展，基部分枝多，直立丛生性。叶互生，椭圆状披针形，具锯齿；茎生叶较小。头状花序，具细长的花梗，舌状花线形，常单瓣；花橙色，筒状花深褐色。花期 4 ～ 6 月。

【繁　　殖】秋季温室内播种；发芽温度 18℃，发芽较困难。

【栽　　培】阳光充足。温暖气候，半耐寒，不耐热。土壤肥沃，沙质，排水良好。不宜移植；保持供给水量，残花应从花梗基部剪除。

【园林用途】盆栽、花境。

【园艺品种】'阳光'（'Sunshine'）。

细叶菊

xì yè jú

【别　　名】细叶金毛菊、岩叶菊

【学　　名】*Dyssodia tenuiloba*

[dis-so-i-*dee*-a te-nee-i-*lo*-ba]

【同 义 名】*Thymophylla tenuiloba*

【英 文 名】Golden Fleece

【科　　属】菊科，岩叶菊属

【产　　地】南非

【特　　征】二年生草花，株高 20 ~ 40cm，多分枝，半蔓性。单叶互生，叶片羽状深裂，裂片细。头状花序顶生，多花性，花色金黄，花期春夏。

【繁　　殖】播种，发芽温度 18 ~ 22℃，10 ~ 14 天出苗。

【栽　　培】生长在阳光充足处，半耐寒，生长适温 13 ~ 15℃，小苗生长缓慢，采用良好的培养土。

【园林用途】组合盆栽，悬挂花篮。

【园艺品种】'阳光'（'Sunshine'）。

花菱草

huā líng cǎo

【别　　名】人参花、金英花

【学　　名】*Eschscholtzia californica*
[esh-*sholts*-ee-a *kăl*-i-forn-i-ka]

【英 文 名】California Poppy

【科　　属】罂粟科，花菱草属

【产　　地】北美洲

【特　　征】二年生花卉，全株被白粉，呈粉绿色，光滑，株高 30 ~ 45cm。茎基部分枝，从生状。单叶互生，似基生，叶较大，三回羽状深裂，裂片细。花单生，花梗超出叶丛，花瓣 4 枚；花黄色，有乳白、橙黄、橙红、玫红等变种，有重瓣、半重瓣及间色品种。花期 5 月，日中盛开。蒴果。

【繁　　殖】秋季播种。注意直根系，移植困难，因此可采用直播间苗，或直播于小盆以后脱盆，栽培应用。

【栽　　培】阳光充足，开花时要阳光普照；阴天或夜间花冠闭合。耐寒性一般，冬季保护，有利生长，开花整齐；不耐夏热。土壤要求排水良好，尤其春雨季节，防止积水。常由于养护不当引起根颈和基部的枝叶腐烂。适应于碱性土壤。生长期供水、追肥。

【园林用途】花坛、花丛。

银边翠 yín biān cuì

【别　　名】高山积雪、象牙白

【学　　名】*Euphorbia marginata*

[ew-*for*-bee-a mar-gi-*nah*-ta]

【英 文 名】Snow-on-the-mountain

【科　　属】大戟科，大戟属

【产　　地】北美洲

【特　　征】一年生草本，观叶植物，株高 100cm，整株无毛。茎直立，叉状分枝较多，有乳汁。叶对生，卵形至长圆形，全缘叶，灰绿色，成熟植株上部叶的叶缘呈银白色。花 3 朵集生顶端，花较小，白色。

【繁　　殖】播种，发芽温度 18 ～ 21℃。

【栽　　培】喜阳光充足，不耐寒。

【园林用途】绿地丛植、切叶。

猩猩草

xīng xīng cǎo

【别　　名】草本象牙白

【学　　名】*Euphorbia heterophylla*

[ew-*for*-bee-a he-te-ro-*fee*-la]

【英 文 名】False Poinsettea, Mexican Fire Plant, Painted Spurge

【科　　属】大戟科，大戟属

【产　　地】北美洲

【特　　征】一年生草本，观叶植物，株高80cm，整株无毛。茎直立，叉状分枝较多，有乳汁。叶互生，叶形变化较大，卵形至披针形，提琴裂，成熟植株上部叶基部或苞片呈红色。

【繁　　殖】播种，发芽温度18 ~ 21℃。

【栽　　培】喜阳光充足，不耐寒。选择地势高燥，排水良好的土壤种植，耐干旱。

【园林用途】绿地丛植、切叶。

草原龙胆 cǎo yuán lóng dǎn

【别　　名】洋桔梗

【学　　名】*Eustoma russellianum*
[*ews*-to-ma roos-se-li-*ah*-num]

【同 义 名】*Lisianthius russellianum*, *Eustoma grandiflorum*

【英 文 名】Lisianthus, Tulip Gentian, Texas Bluebell

【科　　属】龙胆科，草原龙胆属

【产　　地】美洲

【特　　征】多年生草本，作二年生栽培，株高 40 ~ 80cm，全株光滑。茎直立，叶对生，长椭圆形，全缘。花序顶生，杯状花冠，花色紫色、桃红、白色和蓝色等。花期夏秋。

【繁　　殖】秋季播种，种子细小。

【栽　　培】阳性，不耐寒，宜温室越冬。需富含有机质的土壤。秋冬季节小苗宜在干燥的环境生长，多雨、潮湿易发生病虫害。

【园林用途】盆花、切花。

【园艺品种】'美人鱼'（'Mermaid'），'爱口'（'Echo'），'佛拉门科'（'Flamenco'），'海市蜃楼'（'Mirage'），'帝罗尔'（'Tyrol'）。

天人菊 tiān rén jú

【别　　名】虎皮菊、六月菊、忠心菊、美丽天人菊

【学　　名】*Gaillardia pulchella*

[gay-*lard*-ee-a pul-*kel*-a]

【英 文 名】Blanket Flower, Fire Wheels

【科　　属】菊科，天人菊属

【产　　地】北美洲

【特　　征】一二年生花卉，株高 25 ～ 60cm，全株被毛。茎直立，散生成丛，分枝较多。叶互生，卵状披针形，近无柄，叶形变化较大，有锯齿或缺刻。头状花序，花梗细长，舌状花常单轮，花瓣先端有缺刻，花瓣基部常有深褐色环；花色淡黄至暗红；春秋两季均有花可赏。

【繁　　殖】播种，发芽温度 15 ～ 18℃，8 ～ 10 天发芽。

【栽　　培】阳性。耐寒性一般，二年生幼苗宜冷床越冬；耐夏热，耐干旱，生长强健，但不利多年生。排水性良好的疏松土壤，耐肥。

【园林用途】花丛、花坛、组合盆栽。

【园艺品种】‘羽毛’（‘Plume’）。

勋章花

xūn zhāng huā

【别　　名】勋章菊

【学　　名】*Gazania rigens*

[ga-*zah*-nee-a *ri*-gayns]

【同 义 名】*Gazania splendens*, *Gazania ringens*

【英 文 名】Treasure Flower

【科　　属】菊科，勋章花属

【产　　地】南非

【特　　征】多年生草本，作二年生栽培，株高25cm左右，丛生性。叶基生状，披针状，全缘，叶背被银白色毛。头状花序，舌状花轮数较少，单瓣状，筒状花黄色，花色有白、黄、乳黄、橙、粉和红色，花瓣基部具深色的花纹。花期春季。

【繁　　殖】播种、分株秋季进行。

【栽　　培】阳性，半耐寒，在温和气候，终年可以有花，但又怕炎热。土壤排水良好至干旱的沙壤土。本种能抗风，适宜于绿地边缘材料。

【园林用途】盆花、地被、悬挂栽培。

【园艺品种】'鸽子舞'（'Gazoo'），'阳光'（'Sunshine'），'天才'（'Talent'）叶银白色。'破晓'（'Daybreak'），'笑吻'（'Kiss'），'大笑吻'（'Big Kiss'）。

送春花 sòng chūn huā

【别　　名】晚春锦、别春花、古代稀
【学　　名】*Godetia amoena*
[go-*de*-tee-a a-*mot*-na]
【同 义 名】*Clarkia amoena*
【英 文 名】Farewell-to-Spring, Godetia
【科　　属】柳叶菜科，晚春锦属
【产　　地】美洲
【特　　征】二年生花卉，株高 90cm，常呈倒伏状。叶披针形，长达 5 cm。花蕾直立，花瓣 4，花色红或雪青，通常基部有红斑。花期 5 月。
【繁　　殖】秋季播种。
【栽　　培】阳性，半耐寒，疏松土壤，一般冷室越冬。
【园林用途】花境、花丛。
【园艺品种】'格蕾斯'（'Grace'），'缎子'（'Satin'），'皓月'（'Honey Moon'）。

千日红

qiān rì hóng

【别　　名】火球花、杨梅花、千年红

【学　　名】*Gomphrena globosa*
[gom-*free*-na glo-*bo*-sa]

【英 文 名】Globe Amaranth

【科　　属】苋科，千日红属

【产　　地】亚洲热带

【特　　征】一年生花卉，株高 40 ~ 60cm，全株被灰白色毛。茎直立，有分枝，节膨大。叶对生，长椭圆形，全缘。密集头状花序，有花梗，花序球形，呈红色（千日红）、粉红色（千日粉）、白色（千日白）。观赏期 8 ~ 11 月。

【繁　　殖】播种，发芽温度 18 ~ 20℃，2 周左右出苗。

【栽　　培】阳性，不耐寒，喜温暖，一般土壤均能适应，宜干燥，不必过多浇水。

【园林用途】盆花、花坛、干切花。

【园艺品种】‘小男孩’（‘Dwarf Buddy’），‘格言’（‘Gnome’）。

丝石竹

sī shí zhú

【别　　名】满天星、霞草

【学　　名】*Gypsophila elegans*

[gip-*sof*-i-la *ay*-le-gahnz]

【科　　属】石竹科，霞草属

【产　　地】分布欧亚大陆，高加索至西伯利亚

【特　　征】二年生花卉，株幅较广，株高 50 ~ 70cm。茎光滑，多分枝，粉绿色，被白粉。单叶对生，基部叶矩形，上部叶条状披针形。聚伞花序，花朵小而多；花色主要有白色，也有玫红色。花期 4 ~ 6 月。

【繁　　殖】播种为主，一般秋季进行，因须根较少，以直播为宜。

【栽　　培】要求栽于阳光充足的环境。耐寒性强，不适宜，夏季炎热，本种不择土壤，耐干旱、瘠薄；在排水良好，具有腐植质的土壤中生长更为良好。

【园林用途】花境、切花。

【园艺品种】'喜日'（'Happy Festival'），'粉节日'（'Pink Festival'）。

向日葵

xiàng rì kuí

【学　　名】*Helianthus annuus*
[hay-lee-*ănth*-us *ăn*-ew-us]
【英 文 名】Sunflower
【科　　属】菊科，向日葵属
【产　　地】北美洲
【特　　征】一年生草本，株高 90 ～ 150cm。主茎刚直，被粗硬毛。叶互生，宽卵形。头状花序单生茎顶，舌状花金黄色，筒状花两性，紫褐色。园艺品种重瓣矮生种，花色为硫黄、铜棕、红褐、樱红等色。花期 7 ～ 9 月。
【繁　　殖】春季点播后移植地栽。
【栽　　培】阳性，不耐寒，喜温热。不择土壤。
【园林用途】切花、花境。
【园艺品种】‘哇奥’（‘Waooh’），‘太阳’（‘Sunbright’），‘大道’（‘Prado’），‘大笑’（‘Big Smile’）。

麦秆菊

mài gǎn jú

【别　　名】蜡菊、贝细工

【学　　名】*Helichrysum bracteatum*

[hay-li-*kris*-um brăk-tee-*ah*-tum]

【英 文 名】Golden Everlasting, Yellow Paper Daisy

【科　　属】菊科，蜡菊属

【产　　地】澳大利亚

【特　　征】株高 60 ～ 90cm，全株被毛。茎直立，上部分枝。单叶互生，长圆状披针形，全缘，略波皱。头状花序，全部为筒状花，花小；苞片多层发达，呈花瓣状，膜质，夏秋季节色彩鲜明有光泽，黄、橙、红或白色。

【繁　　殖】春季播种，发芽温度 24 ～ 26℃，7 天左右出苗。

【栽　　培】阳光充足。不耐寒。要求土壤肥沃、湿润。肥料不宜过多，否则花色不艳。适应性较强。

【园林用途】干切花。

【园艺品种】'奇特'（'Chico'），'海里卡'（'Helica'）。

芙蓉葵

fú róng kuí

【别　　名】大花芙蓉葵

【学　　名】*Hibiscus moscheutos*

[hi-*bis*-kus mos-*kew*-tas]

【英 文 名】Rose Mallow, Perennial Hibiscus

【科　　属】锦葵科，木槿属

【产　　地】北美东部

【特　　征】多年生草本，株高 100 ~ 200cm。茎粗壮，斜展，丛生性。叶互生，广卵形，浅 3 ~ 5 裂。花单生植株上部叶腋，花径达 20cm，淡红、玫红至深红，基部通常深红；常单瓣 5 枚。花期夏秋。

【繁　　殖】播种或分株，均在春季进行。发芽温度 18 ~ 25℃，3 ~ 5 天出苗，育苗期 30 天左右。

【栽　　培】阳性，耐寒，地上部分必须剪去，宿根越冬。生长适温 21 ~ 30℃，耐湿和盐碱，不择土壤。

【园林用途】花境、绿地应用。

【园艺品种】'月神'（'Luna'）。

鹃泪草 juān lèi cǎo

【别　　名】红点草

【学　　名】*Hypoestes phyllostachya*
[hi-*po*-es-teez fil-*lo*-stăk-ee-a]

【英 文 名】Freckle Face, Pink Polka-Dot Plant

【科　　属】爵床科，枪刀药属

【产　　地】马达加斯加

【特　　征】多年生草本，盆栽株高 10 ～ 15cm。方茎，直立。叶对生，卵形或长卵形，全缘，叶面具淡紫红色小斑点。唇形花冠腋生，雪青色。花期夏秋。

【繁　　殖】生长期扦插。近年来已有用种子繁殖，作一年生栽培，发芽温度较高，21 ～ 24℃。

【栽　　培】半阴性，耐阴，光线不足时斑点逐渐淡化。不耐寒，最低温 5 ℃，生长适温 20 ～ 28 ℃，高温、湿润有利生长，耐热。不择土壤。

【园林用途】盆栽观叶。

【园艺品种】'奇妙霜点'（'Splash Select'），'天王'（'Mikado'）。

凤仙花

fèng xiān huā

【别　　名】指甲花、急性子、小桃红、透骨草

【学　　名】*Impatiens balsamina*

[im-*păt*-ee-enz *bal*-sa-meen-a]

【英 文 名】Balsam

【科　　属】凤仙花科，凤仙花属

【产　　地】广泛分布于亚洲热带、亚热带。栽培很多。

【特　　征】株高 60 ～ 90cm。茎部多汁，肉质呈半透明，较粗。叶互生，狭至阔披针形，具粗锯齿。花腋生，数朵集生，花径可达 5cm；多花性，花白色，各种深浅的红色，常有异色的斑点或斑痕。

【繁　　殖】春播为主，自播习性强。

【栽　　培】阳性，耐阴，不耐寒。对土壤适应性强，但以湿润、排水良好的土壤为好，故栽培要尽量浇水，尤其是夏季。

【园林用途】花丛应用。

【园艺品种】‘康宝’（‘Carambole’）

新几内亚凤仙

xīn jǐ nèi yà fèng xiān

【学　　名】*Impatiens hawkeri*

[im-*păt*-ee-enz *hawk*-a-ree]

【英 文 名】New Guinea Impatiens

【科　　属】凤仙花科，凤仙花属

【产　　地】新几内亚

【特　　征】多年生常绿草本，作一年生栽培。茎肉质粗壮，分枝多而扩张，暗红色。下部叶对生，上部叶轮生状，卵状披针形，有尖齿，叶色深绿或铜绿色，花单生或数朵聚伞花序；花色深红、白色、桃红、玫红、橙红至深红。花期四季。

【繁　　殖】播种，发芽温度 20 ~ 22℃ ,10 ~ 14 天苗。

【栽　　培】半阴性，苗期宜散射光下生长。不耐寒，出苗后宜在 18 ~ 20 ℃下生长，以后再降至 15 ~ 16℃生长。应注意防治夏季高温、阵雨的危害。

【园林用途】盆花、花坛。

【园艺品种】'娇娃'（'Java'），'探戈'（'Tango'）。

温室凤仙（非洲凤仙） wēn shì fèng xiān (fēi zhōu fèng xiān)

【别　　名】何氏凤仙、玻璃翠

【学　　名】*Impatiens wallerana*
[im-*păt*-ee-enz wo-la-ree-*ah*-na]

【英 文 名】Busy Lizzie

【科　　属】凤仙花科，凤仙花属

【产　　地】非洲东部

【特　　征】一年生花卉，株高 20 ～ 30cm。茎半透明肉质，粗壮，多分枝。叶互生，披针状卵形，尾尖状，锯齿明显。花单生，多花性，有距花冠；花色自白，经桃红、玫红至深红，另有雪青、淡紫、橙红及复色，极为鲜艳而丰富。花期春秋皆有。

【繁　　殖】播种，发芽温度 20 ～ 22℃，播种时覆土宜少，10 ～ 14 天出苗。

【栽　　培】半阴性，苗期宜散射光下生长。不耐寒，出苗后宜在 18 ～ 20 ℃下生长，以后再降至 15 ～ 16℃生长。小苗易开花，应加强肥水管理，尤其是及时供水，气候冷凉，发棵好。应注意防止夏季高温、阵雨的危害。

【园林用途】花坛、盆花、组合盆栽。

【园艺品种】'凯董'（'Cajun'），'动能'（'Impulse'），'绝地风暴'（'Xtreme'），'博览'（'Expo'），'超级精灵'（'Super Elfin'），'幻想'（'Fanciful'），'旋转木马'（'Carousel'），'重音'（'Accent'），'节拍'（'Tempo'）。

牵牛

qiān niú

【别　　名】喇叭花，大花牵牛

【学　　名】*Ipomoea nil*

[i-pom-*oy*-a *nil*]

【同 义 名】*Pharbitis nil*

【英 文 名】Morning Glory

【科　　属】旋花科，番薯属

【产　　地】亚热带和热带美洲

【特　　征】一年生缠绕草本。叶互生，阔心状卵形，通常 3 裂，叶片较大，枝叶被毛。花 1 ～ 2 朵腋生，花冠漏斗状钟形，顶端 5 浅裂，花色丰富，红、浅蓝、紫色，并有白边及间色品种和较少见的烟色及重瓣种，大花品种花径可达 15cm。花期 8 月至霜降。蒴果，种子黑色，较大。

【繁　　殖】春季播种繁殖，种子较大，每克 30 粒，25℃左右约 10 天左右出苗。直根性，不宜移植，可直播。

【栽　　培】栽培于向阳环境。不耐霜冻，性喜温暖。土壤肥沃，生长快。种植后，应注意用支撑物诱引。抗性较强。也可盆栽。

【园林用途】作棚架、墙面或整形盆栽观赏。

【园艺品种】‘悦阳’（‘Cameo Elegance’）。

茑萝

niǎo luó

【别　　名】羽叶茑萝

【学　　名】*Ipomoea quamoclit*
[i-pom-*oy*-a *kwah*-mo-klit]

【同 义 名】*Quamoclit pinnata*

【英 文 名】Cyoress Vine, Cardinal Climber

【科　　属】旋花科，番薯属

【产　　地】亚热带和热带美洲

【特　　征】一年生藤本，全株光滑。茎纤细、柔软缠绕状。叶互生，羽状全裂，裂片线形。花腋生，一至数朵，花冠漏斗状，呈高脚碟状，5裂；花色有粉红、深红和白。花期8月至霜降。蒴果，种子黑色。

【繁　　殖】春季播种，种子较大，25℃左右约10天出苗。直根系，不宜移植，可直播。

【栽　　培】栽培于向阳环境。不耐霜冻，性喜温暖。土壤肥沃，生长快。种植后，应注意用支撑物诱引。抗性较强。也可盆栽。

【园林用途】作棚架、墙面或整形盆栽；花境、花坛背景、切花。

圆叶茑萝 yuán yè niǎo luó

【学　　名】*Ipomoea coccinea*
[i-pom-*oy*-a kok-*kin*-ee-a]
【英 文 名】Star Ipomoea
【科　　属】旋花科，番薯属
【产　　地】亚热带和美洲热带
【特　　征】一年生草本，茎细长，缠绕状藤本。叶互生，心状卵形，全缘，叶柄较长。花腋生，花冠高脚碟状，花色为橙红；花期 8 ～ 11 月。
【繁　　殖】春季播种，种子较大，在 25℃左右温度下约 10 天左右出苗。直根性，不宜移植，可直播。
【栽　　培】栽培于向阳环境。不耐霜冻，性喜温暖。土壤肥沃，生长快。种植后，应注意用支撑物诱引。抗性较强。
【园林用途】作花架，也可盆栽。

槭叶茑萝

qì yè niǎo luó

【学　　名】*Ipomoea* × *mutifida*
[i-pom-*oy*-a mul-ti-*fee*-da]
【英 文 名】Cardinal Climber
【科　　属】旋花科，番薯属
【产　　地】美洲热带
【特　　征】为圆叶茑萝与茑萝的杂交种。一年生藤本，茎缠绕状藤本。叶互生，广三角状卵形，掌状 7 ～ 15 裂，裂片较深。花腋生，花冠高脚碟状，花冠筒长约 4cm，花较大，深红色。花期 8 ～ 11 月。
【繁　　殖】春季播种，种子较大，在 25℃左右温度下约 10 天左右出苗。直根性，不宜移植，可直播。
【栽　　培】栽培于向阳环境。不耐霜冻，性喜温暖。土壤肥沃，生长快。种植后，应注意用支撑物诱引。抗性较强。
【园林用途】作花架，也可盆栽。

甘薯

gān shǔ

【别　　名】地瓜、红薯

【学　　名】*Ipomoea batatas*

[i-pom-*oy*-a ba-*tah*-tas]

【英 文 名】Sweet Potato

【科　　属】旋花科，番薯属

【产　　地】亚热带地区

【特　　征】一年生缠绕草本，茎缠绕状生长，地下部分具有块根。单叶互生，叶片心圆形，全缘或有 3 ～ 5 掌状裂。观赏品种以观叶为主，叶形、叶色均有变化。花单生或少花的聚伞花序，花冠漏斗形。花期 8 月至霜降。

【繁　　殖】春季播种繁殖，25℃左右约 10 天左右出苗。直根性，不宜移植，可直播。

【栽　　培】栽培于向阳环境。不耐霜冻，性喜温暖。土壤肥沃，pH 6.0 ～ 6.5。种植后 2 周左右可以摘心来增加分枝，应注意用支撑物诱引。

【园林用途】作棚架，墙面或整形盆栽观赏。常作为组合盆栽的陪衬用叶材，不仅有不同的叶色与主花材协调，同时其自然弯曲的枝条常能有效地将容器和花材完美地结合在一起，使组合的盆栽更具整体性。

【园艺品种】'黑美人'（'Blackie'），'甜心'（' Sweetheart'），'黑之心（'Black heart'）。

地肤

dì fū

【别　　名】扫帚草
【学　　名】*Kochia scoparia*
[ko-*kee*-a sko-pa-*ree*-a]
【同 义 名】*Bassia scoparia*
【英 文 名】Burning Bush
【科　　属】藜科，地肤属
【产　　地】亚欧大陆
【特　　征】一年生草本，观叶植物，株型椭圆(观赏期)。茎直立，上部分枝多而密。叶互生，线状披针形，极狭，全缘，密生，美观，秋季变红色。花小，无花冠。花期9～10月。胞果扁球形。
【繁　　殖】春播为主，种子每克1000粒，自播习性强。
【栽　　培】阳光充足栽培甚好，能耐阴。不耐寒。对土壤要求一般，生长容易，养管简便。
【园林用途】盆栽、花坛边缘及树坛边饰等。

香豌豆 xiāng wān dòu

【别　　名】麝香豌豆、豌豆花
【学　　名】*Lathyrus odoratus*
[*lă*-thi-rus o-do-*rah*-tus]
【英 文 名】Sweet Pea
【科　　属】豆科，山黧豆属
【产　　地】欧洲南部
【特　　征】二年生缠绕草本。茎具翅或棱。羽状复叶，仅 2 片叶片，卵圆形，波缘，另 3 片叶变态成卷须。少花总状花序 1 ~ 4 朵小花，腋生，花梗较长，蝶形花冠，旗瓣色深些，翼瓣色浅些；花色丰富，红、桃红、紫、淡紫、蓝紫等，具香味。花期 5 ~ 6 月。
【繁　　殖】秋季播种为主，种子较大。
【栽　　培】阳性，耐半阴。耐寒，华东地区能露地越冬，但温室越冬生长良好，开花早些。要求排水良好，肥沃湿润的非酸性土壤。生长期需设枝架，有利生长，幼苗注意防鸟害、虫害。
【园林用途】用竹片等引导整形盆栽，切花、垂直绿化。
【园艺品种】'小象'（'Mammoth'）。

花葵

huā kuí

【学　　名】*Lavatera trimestris*
[lah-va-*te*-ra tri-*mays*-tris]
【英 文 名】Annual Mallow
【科　　属】锦葵科，花葵属
【产　　地】地中海地区
【特　　征】二年生草本，株高 60 ～ 90cm 。茎直立，多分株。叶互生，亚圆形，有不规则圆齿和掌状棱角。花单生上部叶腋，花冠漏斗形，多花性，粉红色。花期春夏。
【繁　　殖】秋季播种。
【栽　　培】阳性，耐寒，忌夏热。不择土壤。
【园林用途】绿地布置，花境。
【园艺品种】'小说'（'Novella'）。

深波补血草（大花补血草）　shēn bō bǔ xuè cǎo (dà huā bǔ xuè cǎo)

【别　　名】海香花、阔叶补血草

【学　　名】*Limonium sinuatum*

[lee-*mo*-nee-um sin-ew-*ah*-tum]

【英 文 名】Sea Lavender

【科　　属】蓝雪科，补血草属

【产　　地】地中海地区

【特　　征】本种常误称为“勿忘我”。二年生草本，植株被毛，株高（花茎）可达 60 ～ 70cm。茎短，花茎三棱状，具翼，数回分枝成伞房状。叶基生，初期平展，条形至长椭圆形，羽裂，叶柄具翅。穗状花序，花小白色；苞片发达，纸质，着色丰富，黄、蓝、紫和玫红等。花期春夏。

【繁　　殖】播种，发芽温度 21℃，约 15 ～ 20 天出苗。

【栽　　培】阳性，要求阳光充足。半耐寒，一般冷室越冬，不耐夏热，生长温度 12℃左右。排水良好，要求湿润土壤为度。

【园林用途】切花，常做干花应用。

【园艺品种】‘市场’（‘Market Grower’s’），‘城堡’（‘Fortress’），‘卓越’（‘Excellent’）。

柳穿鱼

liǔ chuān yú

【别　　名】小金鱼草，姬金鱼草

【学　　名】*Linaria maroccana*

[leen-*ah*-ree-a ma-ro-*kah*-na]

【英 文 名】Baby Snapdragon

【科　　属】玄参科，柳穿鱼属

【产　　地】摩洛哥

【特　　征】二年生草本，株高 30cm 左右。茎直立，丛生性，纤细。单叶互生，狭线状披针形，全缘，浅绿色。总状花序，唇形花冠，上唇 2 裂，下唇 3 裂，花冠基部成距；花色较多，青紫、雪青、玫红、洋红、红、黄、白等变化。花期 4 月。蒴果，种子细小。

【繁　　殖】播种繁殖，可在 9 月初进行。

【栽　　培】阳性，耐寒，忌酷热，要求排水良好土壤，栽培简易。

【园林用途】盆栽、花坛。

【园艺品种】‘幻想曲’（‘Enchantment’）。

大花亚麻

dà huā yà má

【别　　名】红花亚麻

【学　　名】*Linum grandiflorum*

[*leen*-um grand-i-*flo*-rum]

【英 文 名】Flowering Flax

【科　　属】亚麻科，亚麻属

【产　　地】欧洲

【特　　征】二年生花卉，植高 70cm 左右。茎直立性不强，外顷性，分枝多，光滑。叶互生，披针形到卵状披针形，较蓝亚麻大些。花有长梗，花朵略大，花色深红为主。花期 5 ～ 6 月。蒴果。

【繁　　殖】秋季播种为主，出苗后要经过 1 ～ 2 次移植，有一定的自播习性。

【栽　　培】阳性，要求阳光充足。半耐寒，冬季宜防护。土壤要求排水良好，轻质。应定植在地势高燥的土壤中。不耐湿，不宜过多浇水；不耐肥。植株基部分蘖性很强，故一般不要摘心就能成丛。分蘖较晚，往往在早春，因此定植可以晚些，以免幼苗受冻。防护越冬，适当早播，可以年内开花。

【园林用途】花坛，也可以切花作陪衬材料。

【园艺品种】‘魔力’（‘Charmer’）。

蓝亚麻

lán yà má

【学　　名】*Linum perenne*

[*leen*-um pe-*ren*-ee]

【英 文 名】Blue Flax

【科　　属】亚麻科，亚麻属

【产　　地】欧洲

【特　　征】二年生草本，丛生性，株高 60 ～ 70cm。茎纤细，柔软，顶梢下垂，植株以纤细取胜。叶互生，细而多，条形，具 1 ～ 3 主脉。花顶生或腋生，花梗较细，下垂，花冠 5 裂；花蓝色，有白色变种。花期 3 ～ 4 月陆续至 6 月。蒴果，球形。

【繁　　殖】秋季播种为主，出苗后要经过 1 ～ 2 次移植，有一定的自播习性。

【栽　　培】阳性，要求阳光充足。耐寒性强。土壤要求排水良好，轻质。应定植在地势高燥的土壤中。不耐湿，不宜过多浇水；不耐肥。植株基部分蘖性很强，故一般不要摘心就能成丛。分蘖较晚，往往在早春，因此定植可以晚些，以免幼苗受冻。防护越冬，适当早播，可以年内开花。

【园林用途】花坛，也可以切花作陪衬材料。

【园艺品种】‘蓝色礼服’（‘Blue Dress’）花蓝色。

半边莲 bàn biān lián

【别　　名】山梗菜

【学　　名】*Lobelia erinus*
[*lo*-bel-ee-a *e*-ri-nus]

【英 文 名】Lobelia

【科　　属】半边莲科（由梗桔科分出），半边莲属

【产　　地】南非

【特　　征】二年生草本，株高 5 ～ 25cm。茎纤细，匍匐，缠绕状，基部丛生状。叶互生，倒卵形，具齿。多花性，花瓣 5 枚，一边 3 瓣较大，一边 2 瓣较小，故而得名；花色有蓝、淡蓝、紫蓝、酒红和白色等。春季至初夏开花。

【繁　　殖】播种，发芽温度为 18 ～ 22℃，约 10 天发芽。

【栽　　培】半阴性，在散射光下生长良好。半耐寒，冬季防寒，防霜冻，温暖气候生长良好。土壤的适应性较广，以腐殖质丰富湿润土壤为宜，供水要充足，用喷水增加湿度，枝条腐烂需要及时清除。

【园林用途】花坛、花境、盆栽。

【园艺品种】‘月光’（‘Moon’），‘维埃拉’（‘Riviera’），‘淡雅’（‘Aqua’）。

香雪球 xiāng xuě qiú

【别　　名】小白花

【学　　名】*Lobularia maritima*
[lob-ew-*lah*-ree-a ma-ri-*ti*-ma]

【同 义 名】*Alyssum maritimum*

【英 文 名】Sweet Alyssum

【科　　属】十字花科，香雪球属

【产　　地】地中海地区

【特　　征】二年生草本，株高 15cm 左右。茎多分枝。叶互生，条形，全缘，叶脉不明显。总状花序，小花多而密集，有香味，十字型花冠；花色有白色，深雪青(紫)。花期 3 ～ 6 月。

【繁　　殖】播种，发芽温度为 21℃，8 天左右发芽。

【栽　　培】阳性，要求阳光充足。半耐寒，幼苗冬季可以冷床越冬，目前盆栽为多。土壤要求排水良好，有利植株生长。

【园林用途】花坛的边饰、毛纹花坛、组合盆栽。

【园艺品种】‘仙境’（‘Wonderland’），‘新雪毯’（‘New Carpet of Snow’），‘彩毯’（‘Pastel Carpet’），‘雪晶’（‘Snow Crystals’），‘复活节圆帽’（‘Easter Bonnet’）。

多叶羽扇豆

duō yè yǔ shàn dòu

【学　　名】*Lupinus polyphyllus*

[lu-*peen*-us po-lee-*fil*-lus]

【英 文 名】Lupin

【科　　属】豆科，羽扇豆属

【产　　地】北美洲西部

【特　　征】多年生草本，株高 100 ～ 150cm。叶基生成丛，掌状复叶，小叶披针形，全缘。顶生总状花序，花序长达 60cm 以上，小花多而密，蝶形花冠；花色丰富，白、黄、橙、桃红、红、紫、蓝以及双色种。花期 5 ～ 7 月。

【繁　　殖】播种，保持 21℃左右，发芽较慢，有的要 30 天左右。

【栽　　培】阳性，栽培要求阳光充足，否则开花不良，甚至不开花。半耐寒，冬季生长迟缓，可以作二年生栽培，或冷室保护越冬；气候温暖生长迅速；不耐酷热，要求夏季冷凉，微酸性土壤，要求排水良好，常用山泥和泥炭土混合，直根系，不宜过多移植。

【园林用途】花境、切花、盆花。

【园艺品种】'宫殿'（'Camelot'）；'画廊'（'Gallery'）。

剪秋罗 jiǎn qiū luó

【别　　名】大花剪秋罗
【学　　名】*Lychnis fulgens*
[lik-*nis* *ful*-gens]
【英 文 名】Catchfly
【科　　属】石竹科，剪秋罗属
【产　　地】俄罗斯西伯利亚及我国东北、华北地区。朝鲜、日本也有分布。
【特　　征】宿根草本，高 30 ～ 60cm，全株被白色长毛。茎直立，有分枝。叶对生，无柄，卵形至卵状长椭圆形。花 7 ～ 10 朵簇生顶端，深红色；花瓣呈 2 阔裂片，裂片外尚有 2 浅裂。花期 7 ～ 8 月。
【繁　　殖】秋季播种。
【栽　　培】阳性。耐寒，夏季要求通风、凉爽，环境湿润，高温多雨生长不良。喜肥沃、排水良好的土壤。
【园林用途】花坛、花境、切花。
【园艺品种】‘卤迷娜’（‘Lumina’）。

锦葵

jǐn kuí

【学　　名】*Malva sylvestris*
[mǎ-*va* sil-*ves*-tris]

【英 文 名】Mallow

【科　　属】锦葵科，锦葵属

【产　　地】亚洲、欧洲温带

【特　　征】二年生草本，株高 90 ～ 150cm。茎直立，粗壮，心状圆形或肾形，成苗 5 ～ 7 浅裂。花 2 ～ 6 朵簇生叶腋，花色紫红或白。花期春末夏初。

【繁　　殖】秋季播种。

【栽　　培】阳性，耐寒，忌酷暑。

【园林用途】花境、花丛。

紫罗兰

zǐ luó lán

【别　　名】草桂花、草紫罗兰

【学　　名】*Matthiola incana*

[mǎ-tee-*o*-la in-*kah*-na]

【英 文 名】Stock

【科　　属】十字花科，紫罗兰属

【产　　地】欧洲南部

【特　　征】二年生草本，株高 30 ～ 100cm。茎直立，有分枝，基部有些木质化。叶互生，长椭圆形至倒卵状披针形，全缘。总状花序，十字型花冠，具香味；花色有紫色、白色、桃红，还有玫红、雪青色，稀黄色。花期 4 ～ 6 月。

【繁　　殖】播种为主，在 18 ～ 21℃条件下，约 14 天后发芽。

【栽　　培】阳性，要求阳光充足。耐寒性不强，不耐闷热，注意保持通风冷凉的环境。土壤要求疏松，排水良好，pH 5.5 ～ 7.0。土壤必须消毒。

【园林用途】切花、花坛。

【园艺品种】'美酒'（'Vintage'），'欢呼'（'Cheerful'），'和谐'（'Harmony'），'侏儒'（'Midget'）。

美兰菊 měi lán jú

【别　　名】皇帝菊

【学　　名】*Melampodium paludosum*

[me-lam-*po*-di-um pay-lu-*do*-sum]

【科　　属】菊科，美兰菊属

【产　　地】美洲热带

【特　　征】一年生草本，株高 20 ~ 30 cm。丛生性，枝直立。叶卵形，具粗锯齿。头状花序顶生，多花性，花色金黄。花期春夏。

【繁　　殖】播种，18 ~ 22℃，7 ~ 10 天出苗。

【栽　　培】阳性，不耐寒，适应夏季炎热的气候。要求土壤排水良好，肥沃。

【园林用途】花坛、组合盆栽。

【园艺品种】‘巨奖’（‘Medampaillon’），‘百万金’（‘Million Gold’），‘德比’（‘Derby’）。

冰花

bīng huā

【学　　名】*Mesembryanthemum criniflorum*
[mes-em-bree-*anth*-e-mum kree-ni-*flo*-rum]
【英 文 名】Ice plant
【科　　属】番杏科，龙船海棠属
【产　　地】南非
【特　　征】株高仅 15cm，肉质。茎直立性不强，常红色。叶倒卵状披针形，肉质绿色，茎、叶具冰晶状小点。花单生似菊花状，花色丰富，各种红、黄、白及雪青，在阳光下能有透亮的光质。花期春季。
【繁　　殖】播种，发芽温度 18 ~ 20℃，7 ~ 15 天出苗。
【栽　　培】阳性，尤其开花需阳光充足，阴天花朵闭合。半耐寒，生长适温 12 ~ 16℃或略高些。一般园土，耐旱。
【园林用途】花坛、盆栽。

含羞草

hán xiū cǎo

【别　　名】知羞草、怕羞草

【学　　名】*Mimosa pudica*

[mee-*mos*-a pu-*dee*-ka]

【英 文 名】Sensitive Plant, Shame Plant, Touch-me-not

【科　　属】豆科、含羞草属

【产　　地】美洲热带

【特　　征】株高 40 ~ 60cm。枝条上散生倒刺毛。羽状复叶掌状排列，小叶刀形，触之随即闭合下垂。头状花序，花粉红。花期 7 ~ 10 月。

【繁　　殖】春节播种。

【栽　　培】阳性，喜温暖气候，不耐寒，在湿润的肥沃的土壤中生长良好。

【园林用途】趣味性盆栽。

智利沟酸浆 zhì lì gōu suān jiāng

【别　　名】猴面花、沟酸浆

【学　　名】*Mimulus cupreus*

[*mee*-mew-lus *kew*-pree-us]

【英 文 名】Monkey Flower

【科　　属】玄参科，沟酸浆属

【产　　地】智利

【特　　征】二年生草花，株高30cm。方茎，中空，披散，着地时节间生根。叶对生，卵形，基出脉明显，具锯齿。少花总状花序顶生，唇形花冠，上唇2裂，下唇3裂；黄色具红褐色大斑，或呈橙红色，有大花矮生栽培品种。花期春夏。

【繁　　殖】秋季播种，冷室育苗。

【栽　　培】阳性。半耐寒，耐热性弱，夏热常枯萎。

【园林用途】盆栽。

【园艺品种】'巨奖'（'Bounty'），'魔术'（'Mystic'）。

紫茉莉

zǐ mò lì

【别　　名】夜饭花、夜繁花、草茉莉、胭脂花、洗澡花

【学　　名】*Mirabilis jalapa*

[mee-*rah*-bi-lis *ja*-lah-pa]

【英 文 名】Four o'clock, Marvel of peru

【科　　属】紫茉莉科，紫茉莉属

【产　　地】美洲热带

【特　　征】一年生栽培，具块根，株高 50 ~ 80cm。茎粗壮，多分枝。叶对生，卵形至卵状三角形。花顶生，无花瓣，萼片瓣化，花色白、红、紫、黄。花期夏秋。

【繁　　殖】春季播种，自播能力强。

【栽　　培】阳性，耐半阴。不耐寒，块根能在长江以南地区越冬。适应性强。

【园林用途】绿地花丛、地被。

勿忘草

wù wàng cǎo

【别　　名】毋忘我
【学　　名】*Myosotis sylvatica*
[mee-os-*o*-tis sil-*vă*-ti-ka]
【英 文 名】Forget-me-not
【科　　属】紫草科，勿忘草属
【产　　地】北美东部（分布各洲温带地区）
【特　　征】二年生草本，株高 15 ～ 20cm，全株被毛。茎粗壮，有棱，前期较短。叶互生，矩圆状条形，无柄，全缘，主脉明显。顶生具分枝的蝎尾状花序，花小，花冠浅高脚蝶状；花蓝色有白、粉红变种。花期 4 ～ 5 月。
【繁　　殖】播种，发芽温度为 18 ～ 24℃，2 ～ 3 星期发芽。
【栽　　培】阳性，耐阴。耐寒，幼苗需要低温春花，华东地区可露地越冬。土壤要求湿润，肥沃。
【园林用途】春季花坛。
【园艺品种】‘尼娜’（‘Nina’），‘米罗’（‘Miro’）。

龙面花 lóng miàn huā

【学　　名】*Nemesia strumosa*
[ne-me-*see*-a stroo-*mo*-sa]
【英 文 名】Nemesia
【科　　属】玄参科，龙面花属
【产　　地】南非
【特　　征】株高 30 ～ 60cm，光滑。茎直立，节间较长。叶对生，条状披针形，3 ～ 4 对锯齿，无柄。花密集总状花序，唇形花冠；花色白、各种黄、红以及蓝色，喉部黄色常具斑点。花期 4 ～ 6 月。
【繁　　殖】播种。
【栽　　培】阳性，半耐寒，冬季冷床越冬。湿润，微酸性土壤。
【园林用途】盆栽、花坛。
【园艺品种】'太阳雨'（'Sundrops'）。

花烟草

huā yān cǎo

【学　　名】*Nicotiana alata*
[nee-ko-tee-*ah*-na *ah*-lah-ta]
【同 义 名】*Nicotiana affinis*
【英 文 名】Flowering Tobacco
【科　　属】茄科，烟草属
【产　　地】南美洲
【特　　征】株高 60 ~ 80cm。茎直立，较粗壮。基生叶卵状披针形，呈莲座状排列；茎生叶，对生。总状花序，有芳香；小花呈细颈漏斗型花冠，主要花色有白、大红。春夏开花。
【繁　　殖】播种，介质温度 21℃，有利发芽，不必覆土；一般 15 天出苗。
【栽　　培】阳光充足，为长日照花卉。半耐寒，生长温度 15℃。不择土壤，以轻质、肥沃、湿润为好，要求充足水分供其生长。
【园林用途】花坛、盆花。
【园艺品种】'发电机'（'Dynamo'），'阿瓦隆'（'Avalon'），'尼可'（'Nickii'），'萨拉托加'（'Saratoga'），骨牌 '（'Domino'），'梅林'（'Merlin'）。

黑种草 hēi zhǒng cǎo

【学　　名】*Nigella damascena*
[ni-*gel*-la dam-a-*skay*-na]
【英 文 名】Love-in-a-mist
【科　　属】毛茛科，黑种草属
【产　　地】东欧、北非
【特　　征】二年生花卉，株高 30 ～ 50cm。茎直立，多分枝。叶互生，二～三回羽状深裂，裂片细。花单生顶端，花色蓝、紫红、白色。花期春季。蒴果开裂，种子卵形，黑色。
【繁　　殖】秋季播种。
【栽　　培】阳性，耐寒，土壤排水良好，株行距 20cm × 20cm。
【园林用途】花境或切花。
【园艺品种】'杰西小姐'（'Miss Jekyll'）。

罗勒

luó lè

【学　　名】*Ocimum basilicum*
[*o*-ki-mum ba-*si*-li-kum]
【英 文 名】Basil
【科　　属】唇形科，罗勒属
【产　　地】亚洲热带及非洲
【特　　征】一年生草本，株高 60cm，全株近光滑，并具有强烈香气。茎四棱状呈方茎，多分枝，直立。叶对生，卵形，1/3 以上有锯齿，叶背为常带紫色。总状花序，花小，白色带紫，不作观赏。
【繁　　殖】春播为主，有自播习性。
【栽　　培】阳性，喜温热，排水良好的土壤，栽培简便，多施肥。
【园林用途】组合盆栽。
【园艺品种】‘魔术师’（‘Magical Michael’）。

月见草

yuè jiàn cǎo

【别　　名】待宵草

【学　　名】*Oenothera biennis*

[oy-no-*the*-ra bee-*en*-sis]

【英 文 名】Evening Primrose, Sundrops

【科　　属】柳叶菜科，月见草属

【产　　地】智利

【特　　征】株高可达 100cm 以上，全株被毛。茎粗壮，基部稍木质化。基生叶，莲座状排列，叶脉呈白色；茎生叶自下向上变小，无柄，叶面皱褶。花单生叶腋，或枝端呈总状花序，花瓣 4 枚，萼片反卷；花黄色，傍晚开放，次晨萎谢。花期 6 ~ 7 月。

【繁　　殖】种子播种，一般秋播。

【栽　　培】阳性，耐寒，肥沃土壤，施肥勤有利开花，宜作为多年生栽培。

【园林用途】花境。

诸葛菜 zhū gě cài

【别　　名】二月兰，二月蓝

【学　　名】*Orychophragmus violaceus*
[o-ee-ko-*frahg*-mus vi-o-*lah*-kee-us]

【科　　属】十字花科，诸葛菜属

【产　　地】中国东北、华北地区

【特　　征】二年生草本，株高 30 ～ 50cm，无毛，被白粉。茎直立，光滑。叶基生，肾形，具琴裂状锯齿；茎生叶，无叶柄抱茎，叶基部不对称。总状花序，小花十字型花冠，花瓣略波皱，紫色，雄蕊常伸出花冠，黄色。花期 3 ～ 5 月。角果。

【繁　　殖】以秋播为主，自播习性很强，掉落的种子也开花。

【栽　　培】不择光照条件，耐阴。耐寒性强，生长强健。土壤冬季不可过分干燥。

【园林用途】作地被植物。

南非菊

nán fēi jú

【别　　名】南非万寿菊

【学　　名】*Osteospermum jucundum*

[ost-ee-o-*sperm*-um yoo-*kun*-dum]

【同 义 名】*Osteospermum barberae*

【英 文 名】African Daisy

【科　　属】菊科，南非菊属

【产　　地】南非好望角

【特　　征】多年生草本，作二年生花卉栽培，株高 50 ~ 70cm，植株直立，分枝多，丛生性。叶互生，线形至披针形，全缘或有锯齿，暗绿色。头状花序，具有细长的花柄，花色金黄、舌状花常单轮花，花色白色、粉红、紫红、黄色等。期初夏至秋季。

【繁　　殖】秋季播种，发芽温度 18 ~ 21℃，或春夏季节，选择半成熟的枝条扦插。

【栽　　培】生长在阳光充足的场所，半耐寒，冬季冷床越冬。生长适温为 15 ~ 18℃，要求排水良好的土壤。栽培过程中无需摘心来增加分枝，培育良好株形的植株。

【园林用途】用作盆花，也适合组合盆栽或花境应用。

【园艺品种】'亚士帝'（'Asti'），'激情'（'Passion'）。

冰岛罂粟 bīng dǎo yīng sù

【别　　名】冰岛丽春花

【学　　名】*Papaver nudicaule*
[pa-*pah*-ver new-di-*kaw*-lee]

【英 文 名】Iceland Poppy

【科　　属】罂粟科，罂粟属

【产　　地】欧洲北部

【特　　征】全株被毛，株高 70cm。叶基生，莲座状排列，条状披针形，规则羽裂。花单生，花朵大；花色丰富，有白、黄、粉、橙、橙红。花期初夏。

【繁　　殖】播种，发芽温度 21℃，2 周左右可以完全出苗。

【栽　　培】要求阳光充足，通风良好的环境栽培。耐寒性强，不耐热，生长期要求冷凉，苗期宜 10℃左右的低温，要求排水良好、有机质含量高的土壤。直根系，忌移植，栽培时可以早移植，或用小盆育苗后应用于园林绿地。

【园林用途】花境、切花。

【园艺品种】'草地'('Meadow Pastels')，'佳境'('Wonderland')，'春风'('Spring Fever')，'香槟气泡'('Champagne Bubble')。

东方罂粟

dōng fāng yīng sù

【别　　名】东方丽春花

【学　　名】*Papaver orientale*
[pa-*pah*-ver o-ree-en-*tah*-lee]

【英 文 名】Oriental Poppy

【科　　属】罂粟科，罂粟属

【产　　地】亚洲西南部

【特　　征】多年生草本，株高 60 ~ 90cm。叶基生，三角状卵形，羽状深裂。花朵单生，花径较大；花色暗橙红色，但变种花色丰富，花瓣基部黑色。花期初夏。

【繁　　殖】播种，发芽温度 21℃，2 周左右可以完全出苗。

【栽　　培】要求在阳光充足、通风良好的环境栽培。耐寒性强，不耐热，生长期宜冷凉。要求排水良好、有机质含量高的土壤。

【园林用途】花境、切花。

【园艺品种】'快板'（'Allegro'），'协奏曲'（'Pizzicato'）。

虞美人 yú měi rén

【别　　名】丽春花
【学　　名】*Papaver rhoeas*
[pa-*pah*-ver ro-*i*-as]
【英 文 名】Shirley Poppy, Flanders Field Poppy
【科　　属】罂粟科，罂粟属
【产　　地】欧洲，欧亚大陆及北美洲
【特　　征】二年生花卉，株高 40 ~ 90cm，全株被毛，枝叶内有白色乳汁。叶前期基生；茎生叶互生，叶椭圆形至条状披针形，不规则羽裂，叶柄有翼。花单朵顶生，花梗细长，花蕾下垂，开花时挺直；花色有深红、橙红、桃红、白色及间色品种。花期 4 月中下旬至 5 月中旬。
【繁　　殖】播种。发芽温度 21℃，2 周左右可以完全出苗。
【栽　　培】强阳性，要求阳光充足、通风良好的环境栽培。耐寒性强，不耐热，生长期要求冷凉，苗期 10℃左右的低温，直根系，忌移植，栽培时可以早移植，或用小盆育苗后应用于园林绿地。
【园林用途】花坛、花丛、切花。

天竺葵 tiān zhú kuí

【别　　名】石腊红、入腊红、绣球花、洋绣球、日烂红

【学　　名】*Pelargonium hortorum*

[pe-lar-*gon*-ee-um ho-*to*-rum]

【英 文 名】Common Geranium, Garden Geranium

【科　　属】牻牛儿苗科，天竺葵属

【产　　地】南非（好望角一带），世界各地均有栽培

【特　　征】多年生草本，可作二年生栽培。茎基本质化，被腺毛，有特殊气味，小枝粗壮，多汁。单叶互生，柄长，圆形至肾形，边缘具锯齿。伞形花序，腋生，花梗较长，花蕾下垂，花色为红、粉红、白、橙红及双色品种。全年开花，5 月份为盛花期。

【繁　　殖】播种或扦插繁殖。

【栽　　培】要求阳光充足，通风良好。不耐寒，冬季维持在 5℃左右；大多数品种夏季休眠，应减少施肥、浇水。要求肥沃、疏松、带微碱性的土壤。培养土可用等量的腐叶土和园土再加适量的草木灰，确保排水良好。

【园林用途】花坛布置，另外盆栽后可以布置窗台，阳台。

【园艺品种】‘灵感 2000’（‘Ringo 2000’），‘中子星’（‘Pulsar/Pinto’），‘地平线’（‘Horizon’），‘多花’（‘Multibloom’），‘轨道’（Orbit’），‘独创’（‘Maverick’）。

盾叶天竺葵

dùn yè tiān zhú kuí

【别　　名】常春藤天竺葵、藤本天竺葵、爬藤天竺葵、藤本入腊红
【学　　名】*Pelargonium peltatum*
[pe-lar-*gon*-ee-um pel-*tah*-tum]
【英 文 名】Ivy Geranium
【科　　属】牻牛儿苗科，天竺葵属
【产　　地】南非
【特　　征】多年生草本，枝条蔓性，茎长 45cm。叶盾形，5 裂，叶质较厚，叶面光亮。伞形花序，多花性；花色白、紫、红、玫红等。花期 5 ~ 7 月。
【繁　　殖】播种，发芽温度 21℃，约 5 ~ 10 天出苗。
【栽　　培】生长在阳光充足处，半耐寒，生长适温 18 ~ 21℃，夏季炎热生长不良。要求土壤排水良好，pH 6.2 ~ 6.5。
【园林用途】盆栽、悬挂花篮。
【园艺品种】‘龙卷风’（Tornado），‘夏雨’（‘Summer Shower’）等。

钓钟柳

diào zhōng liǔ

【别　　名】钟花钓钟柳

【学　　名】*Penstemon campanulatus*
[pen-*stay*-mon kahm-pan-ew-*lah*-tus]

【科　　属】玄参科，钓钟柳属

【产　　地】墨西哥

【特　　征】株高 60 ～ 90cm。茎直立，基部略木质化，分枝多。叶对生，卵形至卵状披针形，基部叶常无柄，有细锯齿。总状或圆锥花序(圆锥状总状花序),小花钟状唇形花冠,花色红、粉、紫红、雪青、浅蓝色品种。花期5 ～ 6月。

【繁　　殖】播种为主，二年生栽培。宿根栽培均以分株为主，秋季进行为佳。

【栽　　培】阳性，要求阳光充足，耐寒，但在北方地区宜保护越冬。本种忌夏季炎热。土壤要求排水良好，多雨积水时生长不良，以石灰性土壤为宜。秋季一定要将枯黄的花枝自基部剪除，以利越冬。在栽培中，蚜虫较多，尤其花期，应设法防治。

【园林用途】花境、切花。

【园艺品种】'朗姆酒'('Pinacolanda')。

五星花

wǔ xīng huā

【别　　名】繁星花、埃及众星花

【学　　名】*Pentas lanceolata*

[pen-*tas* lan-kee-o-*lah*-ta]

【英 文 名】Star Clusters

【科　　属】茜草科，繁星花属

【产　　地】东亚非热带至阿拉伯地区南部

【特　　征】多年生亚灌木，株高 50 ~ 70cm。茎直立，丛生，被毛。单叶对生，卵状披针形，叶脉明显，全缘，叶色深绿色。2 叉伞形花序顶生，小花高脚碟型花冠，5 裂；花色桃红、深红。花期夏季。

【繁　　殖】春季播种。晚春扦插。

【栽　　培】阳性，每天 4 小时以上光照。不耐寒，越冬最低温度 7 ℃，适温 12 ~ 15℃，耐热。用良好的盆栽栽养土，保持湿润；盆不宜过大，老化植株宜更新修剪。

【园林用途】盆花、切花。

【园艺品种】'蝴蝶'（'Butterfly'），'新景象'（'New Look'），'星乐'（'Starla'）。

矮牵牛

ǎi qiān niú

【别　　名】碧冬茄

【学　　名】*Petunia hybrida*

[pe-*tewn*-ee-a hib-*ri*-da]

【英 文 名】Petunia

【科　　属】茄科，矮牵牛属

【产　　地】南美洲

【特　　征】株高 40 ～ 60cm，全株被黏毛。茎直立，基部木质化。叶互生，宽卵形至卵形，全缘，几乎无柄。花单生叶腋，漏斗型花冠，花色丰富，有白色、各种红色、玫紫、蓝、镶边间色品种，黄色较少。春、秋两季均能开花。

【繁　　殖】播种，在 21 ～ 27℃，10 ～ 12 天发芽。

【栽　　培】阳光要求充足，短日照有利分枝，提高株型质量，长日照有利开花。不耐寒，要求通风良好。土壤宜湿润，在开花前应减少浇水，保持土壤干燥，花坛、盆栽、悬挂栽培。

【园林用途】花坛、盆栽、悬挂栽培。

【园艺品种】‘喝彩’（‘Bravo’），‘梦幻’（‘Dreams’），‘极美’（‘Ultra’），‘猎鹰’（‘Falcon’），‘呼啦’（‘Hurrah’），‘梅林’（‘Merlin’），‘地毯’（‘Carpet’），‘海市蜃楼（‘Mirage’）’，‘小甜心’（‘Picobella’），‘灵尔波’（‘Limbo’），‘马尔波’（‘Marbo’），‘羽绒被’（‘Duvet’），‘波浪’（‘Wave’），‘双瀑布’（‘Double Cascade’），‘呼啦圈’（‘ Hulahoop’）。

福禄考

fú lù kǎo

【别　　名】草夹竹桃、洋梅花、桔梗石竹、小天蓝绣球

【学　　名】*Phlox drummondii*

[*floks* dru-*mond*-ee-ee]

【英 文 名】Phlox

【科　　属】花荵科，福禄考属

【产　　地】北美洲

【特　　征】二年生草花，株高 20 ～ 40cm。茎直立，多分枝。叶基部对生，上部互生，叶柄不明显，条形至矩圆，端尖。聚伞花序，顶生，小花高脚碟花冠；花色有桃红、玫瑰红、大红、白色及间色。花期 5 ～ 6 月。

【繁　　殖】播种，温度为 16℃，约 10 天发芽；20℃，7 天即可。

【栽　　培】阳性。半耐寒，虽能露地越冬，但最好冷室越冬；生长适温为 15℃。不耐热。要求土壤排水良好、肥沃。定植后可以摘心，来扩大株幅，小苗生长较慢。

【园林用途】花坛、盆栽。

【园艺品种】'帕洛娜'（Palona），'21 世纪'（'21st Century'）。

随意草 suí yì cǎo

【别　　名】假龙头花

【学　　名】*Physostegia virginiana*
[fi-so-*stee*-gee-a vir-jin-ee-*ah*-na]

【英 文 名】Obedient Plant

【科　　属】唇形科，随意草属

【产　　地】美国

【特　　征】多年生草本，作一年生栽培，株高 1m 左右，全株光滑。茎丛生，直立，方茎。叶对生，披针形，无柄，常具锐齿。穗状（总状）花序，小花密集，唇形花冠，萼筒近钟形，具粘液，花粉红为多，也有白，玫红品种。花期夏秋。

【繁　　殖】分株，早春或秋季花后进行。

【栽　　培】阳性，耐半阴。耐寒，耐热，适应性很强。土壤不宜过湿，栽培容易，摘心可以增加开花量。秋末修剪整枝即可。无特殊水，肥要求。

【园林用途】花境、自然丛植和切花。

桔梗

jú gěng

【别　　名】铃铛花，僧冠帽

【学　　名】*Platycodon grandiflorus*

[plă-tee-*ko*-don grănd-i-*flo*-rus]

【英 文 名】Balloon Flower

【科　　属】桔梗科，桔梗属

【产　　地】分布中国、日本

【特　　征】多年生宿根花卉，株高 50 ～ 80cm，光滑。茎长约 100cm，呈半蔓性，上部分枝多。叶互生，或少数轮生，卵状披针形，边缘有锯齿。花单生枝端，花冠为辐射状铃形，花蕾呈圆形，冲气状膨大，一触即开，故又名“热气球花”。多花性，花蓝色，有白花品种。花期 6 ～ 9 月。蒴果，顶端瓣裂。

【繁　　殖】播种，一般春播，采用直播有利于生根，当年可以开花。分株，春、秋均可进行。

【栽　　培】喜阳光充足，耐半阴。耐寒，以凉爽、湿润的环境为佳，可以适应夏季炎热气候。土壤宜排水良好的沙质土壤。开花前后须追肥 1 ～ 2 次，有利开花。花后修剪，有利越冬。休眠期较一般宿根花卉长，表现在春季萌芽晚。

【园林用途】作岩石园、花境和开花地被。

【园艺品种】‘五星’（‘Astra ’）。

半支莲 bàn zhī lián

【别　　名】太阳花、松叶牡丹、龙须牡丹、大花马齿苋

【学　　名】*Portulaca grandiflora*

[por-tew-*lah*-ka grand-i-*flo*-ra]

【英 文 名】Sunrose, Rose Moss

【科　　属】马齿苋科，半支莲属

【产　　地】巴西

【特　　征】一年生肉质草本，株高 15 ～ 20cm。叶互生，肉质，圆柱形，上部叶较密。花单生或簇生，白、黄、红、紫及棕红，花色丰富；有重瓣品种。花期 6 ～ 8 月。

【繁　　殖】播种，可以扦插繁殖，生长季节，生根十分容易。

【栽　　培】阳性，在阳光直射下开花，日阴时闭合。不耐寒，宜在透气的砂质土上生长，瘠薄干燥也能适应，栽培可施肥，壮叶开花繁茂。

【园林用途】花坛、岩石园、地被。

【园艺品种】‘阳光少年’（‘Suuny Boy’），‘日晷’（‘Sundial’），‘玛格丽塔鸡尾酒’（‘Margarita’）。

马齿苋

mǎ chǐ xiàn

【别　　名】太阳花

【学　　名】*Portulaca oleracea*

[pro-tew-*lah*-ka o-le-*rah*-kee-a]

【英 文 名】Purslane

【科　　属】马齿苋科，半支莲属

【产　　地】热带、亚热带地区

【特　　征】多年生肉质草本，株高 15 ~ 20cm。茎匍匐状，微向上。叶互生，肉质，披针形，全缘。花单生或簇生，花瓣 5 枚，花色玫红、白、黄、紫等；有重瓣品种。花期 6 ~ 9 月。蒴果，种子细小。

【繁　　殖】扦插繁殖，生长季节生根十分容易。目前已有播种繁殖的品种。

【栽　　培】阳性，在阳光直射下开花，日阴时闭合。不耐寒，宜在透气的砂质土，瘠薄干燥也能适应，故栽培不必过多浇水；可施肥，壮叶开花繁茂。

【园林用途】地被、岩石园、花坛。

【园艺品种】‘幽碧’（‘Yube’），‘巨嘴鸟’（‘Toucan’）。

报春花

bào chūn huā

【别　　名】小种樱草

【学　　名】*Primula malacoides*

[preem-*ew*-la mă-la-*koi*-deez]

【英 文 名】Pairy Primrose

【科　　属】报春花科，报春花属

【产　　地】欧洲

【特　　征】温室二年生花卉，全株被毛。茎短。基生叶，椭圆形，叶缘具细而密的锯齿，叶面皱，叶背被白粉。轻伞花序，2 ~ 6 轮，花较小，花色粉红和紫色。花期 1 ~ 5 月。

【繁　　殖】播种繁殖，秋季进行。

【栽　　培】阳性，要求阳光充足。不耐寒，但在花芽形成前，温室气温不宜高于 12℃，一般 7 ~ 10℃为佳。土壤用泥炭和园土加少量蛭石。生长期勤浇水，保持适当的空气湿度。环境通风良好，可防治红蜘蛛危害。

【园林用途】盆花。

【园艺品种】‘奥斯卡’(‘Oscar’)。

鄂报春（四季报春） è bào chūn (sì jì bào chūn)

【别　　名】球头樱草、仙鹤莲

【学　　名】*Primula obconica*

[preem-*ew*-la ob-*ko*-ni-ka]

【英 文 名】German Primrose

【科　　属】报春花科，报春花属

【产　　地】分布全球温带地区。我国是报春花的主要原产地。

【特　　征】株高 20 ~ 30cm。叶基生，长圆形，叶缘具圆锯齿。伞形花序；多花性，花朵大，花序呈圆球形；花色红、白、粉红、橙黄及浅蓝色品种。花期早春。

【繁　　殖】播种，8 ~ 9 月份在温室进行，发芽温度 16 ~ 20℃，3 ~ 4 周出苗。

【栽　　培】阳性，温室保持阳光充足。不耐寒，冬季为生长期，移植初期保持 18 ~ 20℃，以后生长宜 15℃左右，不宜温度过高，以便产生良好的株型。生长对水分要求高，须勤浇水。生长宜追肥。

【园林用途】盆花。

【园艺品种】'贵妇人'（'Juno'），'亲密接触'（'Touch me'），'康塔塔'（'Cantata'），'自由'（'Libre'）。

多花报春

duō huā bào chūn

【别　　名】多花樱草

【学　　名】*Primula* × *polyantha*

[preem-*ew*-la po-lee-*ănth*-a]

【英 文 名】Primrose

【科　　属】报春花科，报春花属

【产　　地】欧洲

【特　　征】常以二年生栽培，全株被毛不明显。基生叶，长叶椭圆形，叶面皱褶。伞形花序，花色丰富，有红、粉红、紫红、白色等。花期冬春。

【繁　　殖】播种，种子细小，发芽最佳温度 20℃，保持播种土湿润，约 10 ～ 20 天出苗。

【栽　　培】阳性，温室保持阳光充足。不耐寒，冬季为生长期，移植初期保持 18 ～ 20℃，以后生长宜 15℃左右，不宜温度过高，以便产生良好的株型。生长对水分要求高，须勤浇水。生长宜追肥。

【园林用途】盆花。

【园艺品种】‘杰克’（‘Jackpot’），‘太平洋巨人’（‘Pacific Giants’），‘伦巴舞’（‘Rumba’）。

欧洲樱草

ōu zhōu yīng cǎo

【别　　名】单花樱草、西洋樱草
【学　　名】*Primula vulgaris*
　　　　　[preem-*ew*-la vul-*gah*-ris]
【同 义 名】*Primula acaulis*
【英 文 名】Common Primrose
【科　　属】报春花科，报春花属
【产　　地】欧洲
【特　　征】株高 15 ~ 20cm。基生叶，长椭圆形，叶面皱褶。花单生，多花性，花色由黄、白、红、蓝以及各种双色种。花期冬春。
【繁　　殖】播种，发芽最佳温度 20℃，保持播种土湿润，约 10 ~ 20 天出苗。
【栽　　培】阳性，温室保持阳光充足。不耐寒，冬季为生长期，移植初期保持 18 ~ 20℃，以后生长宜 15℃左右，不宜温度过高，以便产生良好的株型。生长对水分要求高，须勤浇水。生长宜追肥。
【园林用途】室内盆花。
【园艺品种】‘比塞塔’（‘Peseta’），‘日冕’（‘Corona’），皇冠（‘Tiara’），‘妃纯’（‘Pageant ’）。

花毛茛 huā máo gèn

【别　　名】芹菜花、波斯毛茛

【学　　名】*Ranunculus asiaticus*
[rah-*nun*-kew-lus ah-see-*ah*-ti-kus]

【英 文 名】Persian Ranunculus

【科　　属】毛茛科，毛茛属

【产　　地】分布欧洲东南及亚洲南部

【特　　征】多年生草本，地下部块根纺缍形，顶端数芽被毛。根出叶，茎生叶互生，二～三回 3 出深裂，裂片具 3 裂状，具齿。花梗高出叶丛，单朵或数朵，单瓣或重瓣，花色有白、黄、橙、玫红、大红等。花期 4 ～ 5 月。

【繁　　殖】分株为主，一般 9 月份作秋植球根处理，分根须带芽才能种植。近来也有播种繁殖。

【栽　　培】阳性，耐半阴环境，半耐寒。秋植后，苗期宜冷床保护越冬，保持 0 ℃以上为宜；忌炎热，一般常在夏季休眠，仍须凉爽环境，可以将块根收起，埋于蛭石内贮藏于通风干燥处，以防烂根。宜栽于疏松、肥沃，而排水良好的土壤中。生长期要求供足水、肥。花谢后应及时除去残花，以利集中养分。

【园林用途】盆栽、春季花坛、切花应用。

【园林用途】‘花谷’（‘Bloomingdale’），‘维多利亚’（‘Victoria’），‘魔力’（‘Magic’），‘玛施’（‘Mache’）。

黑心菊 hēi xīn jú

【学　　名】*Rudbeckia hybrida*
[rud-*bek*-ee-a hib-*ri*-da]
【同 义 名】*Rudbeckia hirta*
【英 文 名】Black-eyed Susan, Gloriosa Daisy
【科　　属】菊科，金光菊属
【产　　地】北美洲，分布世界各地的野生花卉
【特　　征】一年生草本，株高60cm，全株被毛。茎细而直立。叶披针形至倒卵形，基脉明显，叶粗糙，被毛，有锯齿。头状花序，花径6 ~ 10cm，单瓣，花瓣先端常2 ~ 3小缺刻，舌状花金黄色，但基部红或橙红；筒状花褐色。花期夏季。
【繁　　殖】播种，介质21℃，约14天可以出苗，20天左右可以移苗。
【栽　　培】阳性，要求阳光充足。耐寒性，也适应夏热，生长旺盛。土壤适应性广，生长期供水即可，耐干旱，怕水涝。
【园林用途】花境、切花。
【园艺品种】'滔滔'（'Toto'），'金锁'（'Goldilocks'），'聚光灯'（'Spotlight'），'夏日太阳'（'Summer Light'），'虎眼'（'Tiger Eye'）。

朱唇

zhū chún

【别　　名】红花鼠尾草、小红花

【学　　名】*Salvia coccinea*

[*săl*-vee-a ko-ki-*nee*-a]

【英 文 名】Tropical Sage

【科　　属】唇形科，鼠尾草属

【产　　地】热带美洲

【特　　征】全株被柔毛，株高 80 ~ 90cm。茎基部有硬毛，紫色。叶对生，卵形，有锯齿，被毛，叶色较深。总状花序，花萼筒不艳，花冠不同色，仅带紫色；花冠唇形，深猩红色。花期夏秋。

【繁　　殖】春季播种。

【栽　　培】阳光充足，开花繁多。不耐寒，喜温暖。要求土壤肥沃，栽培时勤施肥，有利于开花茂盛。可以摘心，盆栽生长期须经常补充肥水，达到整形和开花增多的目的。

【园林用途】花境、花坛。

【园艺品种】‘红衣女郎’（‘Lady in Red’）。

一串蓝（蓝花鼠尾草） yī chuàn lán (lán huā shǔ wěi cǎo)

【别　　名】蓝花鼠尾草
【学　　名】*Salvia farinacea*
[*săl*-vee-a fă-ree-*nah*-kee-a]
【英 文 名】Mealycup Sage, Texas Violet
【科　　属】唇形科，鼠尾草属
【产　　地】北美洲中西部
【特　　征】株高达50cm以上。茎直立，常被灰白色毛。叶对生，披针形至卵形，具圆锯齿。穗状花序，花为深紫蓝色，有白色品种。花期夏秋。
【繁　　殖】春季播种。每克种子约800粒。18 ~ 20℃，7 ~ 10天发芽。
【栽　　培】阳光充足，具长日照习性，开花繁多。耐寒，喜温暖，生长适温16 ~ 18℃。要求土壤肥沃，栽培时勤施肥，有利于开花茂盛。可以摘心，盆栽生长期须经常补充肥水，达到整形和开花增多的目的。
【园林用途】花境。
【园艺品种】'复兴'（'Renaissance'），'维多利'（'Victoria'）。

一串红

yī chuàn hóng

【别　　名】墙下红、西洋红、撒尔维亚

【学　　名】*Salvia splendens*

[*săl*-vee-a *spleen*-denz]

【英 文 名】Scarlet Sage

【科　　属】唇形科，鼠尾草属

【产　　地】分布全球，原产南美洲

【特　　征】株高 20 ~ 80cm。方茎直立，光滑。叶对生，卵形，边缘有锯齿。总状花序；萼筒钟形，常宿存；花红色，品种有白色、粉色、紫色。花期 8 月至霜降，秋冬温室育苗，5 月也能开花。

【繁　　殖】播种，保持在 21℃，约 12 天左右发芽。

【栽　　培】阳光充足，开花繁多。不耐寒，喜温暖。要求土壤肥沃，栽培时勤施肥，有利于开花茂盛。对一般品种苗期可以摘心，达到整形和开花增多的目的，一般在 8 月中旬为最后一次摘心，可使其在国庆节期间开花。

【园林用途】花坛、盆栽。

【园艺品种】'烈火 2000'（'Flamex 2000'）'豪特红'（'Hot Stuff'），'展望'（'Vista'），'圣火'（'Fuego'），小探戈（'Little Tango'），'莎莎'（'Salsa'）。

紫盆花

zǐ pén huā

【别　　名】轮蜂菊，松虫草

【学　　名】*Scabiosa atropurpurea*

[skăb-ee-*o*-sa aht-ro-pur-*pewr*-ree-a]

【英 文 名】Pincushion Flower

【科　　属】川续断科，山萝卜属

【产　　地】欧洲南部

【特　　征】二年生花卉，株高 60 ~ 120cm，全株被毛。茎部被稀疏长白毛，有分枝。单叶互生，矩圆形至椭圆形，呈琴裂状，叶缘反卷，密被柔毛；茎生叶羽裂。花顶生，花序球形；许多针头状的雄蕊，似众多细针插在针垫上；花色紫黑、紫红、雪青至白色及淡蓝。花期 5 ~ 6 月。瘦果。

【繁　　殖】播种为主，秋季播种，发芽温度 21℃，约 12 天出苗。

【栽　　培】阳性。耐寒，生长适温 15℃，过高的温度会导致茎秆软化，不利切花应用。本种对夏季炎热不适应。土壤要求排水良好，中性土壤，不宜酸性。花坛种植可以摘心，增加分枝，保持株型圆整，开花繁多。

【园林用途】花坛、切花。

蛾蝶花 é dié huā

【别　　名】蛾蝶草、荠菜花、羽叶蛾蝶花
【学　　名】*Schizanthus pinnatus*
[skiz-*ănth*-us pi-*nah*-tus]
【英 文 名】Poor man's Orchid, Butterfly Flower
【科　　属】茄科，蛾蝶花属
【产　　地】南美洲
【特　　征】二年生草本，株高 80 ~ 120cm，疏生粘毛。茎直立。叶互生，羽状分裂。圆锥状总状花序，小花具长梗，檐部深凹成两层，上层色淡，下层为雪青或淡紫，中央基部有黄斑，满布紫色细点；花色为红、洋红、雪青、玫红等。花期 4 ~ 6 月。
【繁　　殖】秋季播种。
【栽　　培】阳性，半耐寒，轻质、肥沃的沙质土，注意浇水、施肥可能引起烂株。
【园林用途】盆栽观赏。
【园艺品种】'亚特兰'（'Atlantis'）。

雪叶菊 xuě yè jú

【别　　名】银叶菊、雪叶莲
【学　　名】*Senecio cineraria*
[se-*ne*-kee-o ki-nr-*rah*-ee-a]
【英 文 名】Dusty Miller
【科　　属】菊科，千里光属
【产　　地】地中海地区
【特　　征】多年生草本，可作一年生栽培，株高 60cm，全株被白色绒毛；多分株。叶互生，长圆状卵形，一～二回羽状深裂，裂片长圆形。头状花序，黄或乳白色。花期夏秋。
【繁　　殖】春季播种。
【栽　　培】阳性，宜阳光充足；不耐寒冬季须保护，常在秋冬保存老根，用作来年的母本；不耐夏热，特别注意高温、多雨，及时排水十分重要。
【园林用途】花坛、组合盆栽和花坛边饰。
【园艺品种】‘银尘’（‘Silverdust’），‘卷云’（‘Cirrus’）。

瓜叶菊 guā yè jú

【别　　名】富贵菊，杂交瓜叶菊

【学　　名】*Senecio cruentus*

[se-*ne*-kee-o kroo-*en*-tus]

【同 义 名】*Senecio hybrida, Pericallis cruenta, Pericallis hybrida*

【英 文 名】Florists' Cineraria

【科　　属】菊科，千里光属

【产　　地】加拿大

【特　　征】多年生草本，作一二年生栽培，有高约30cm的低矮丛株到高达90cm分枝开张的大植株。叶互生，卵形至掌形，具齿。伞房花序由多数头状花序组成；花色自白、桃红至深红、红紫及深浅蓝色，有复色品种白先端异色。花期自冬至春。

【繁　　殖】夏末或初秋播种。

【栽　　培】阳性，耐寒性不强，越冬最低温度3℃，花蕾发育所需温度为8℃，催花温度16℃。不耐酷暑。

【园林用途】盆花和早春花坛。

【园艺品种】'威尼斯'（'Venezia'），'罗马'（'Roma'），'小丑'（'Jester'）。

矮雪轮

ǎi xuě lún

【别　　名】小红花

【学　　名】*Silene pendula*

[si-*lay*-nee pen-*dew*-la]

【科　　属】石竹科，蝇子草属

【产　　地】地中海地区

【特　　征】二年生花卉，株高仅 30cm，被毛，匍匐状。茎分枝多。叶对生，卵形，先端有一尖刺，深绿色。聚伞花序，石竹型花冠，萼筒膨大，具 9 条红色棱线，粉红色花。4 ～ 5 月开花。

【繁　　殖】秋季播种，播种不宜太迟。一般 9 月播种，10 月定植好，不需要防寒。

【栽　　培】阳光充足、通风良好的环境，生长良好。耐寒性强，仅变种红叶品种要保护越冬，但忌夏季高温。耐肥，可以多施肥，要求排水良好，尤其雨季要防治枝叶腐烂。

【园林用途】作花坛、各种绿地的边饰。

大岩桐 dà yán tóng

【别　　名】六雪尼

【学　　名】*Sinningia speciosa*

[si-*ning*-gee-a spe-kee-*o*-sa]

【英 文 名】Gloxinia

【科　　属】苦苣苔科，苦苣苔属

【产　　地】巴西

【特　　征】株高 25cm，全株被毛。块茎扁圆球，茎极短。叶对生，质厚，矩圆形，有锯齿，被毛，绒毯状。花大，宽钟形，有重瓣品种，红、紫、粉、白蓝以及双色品种。花期 3 ～ 8 月，夏季盛花。

【繁　　殖】叶柄扦插，5 ～ 6 月。播种繁殖，播种后，种子细小，不必覆土。发芽温度 18 ～ 21℃，2 ～ 3 周出苗。

【栽　　培】阳性，嫩叶不宜强烈受光。不耐寒，生长温度 15℃左右；冬季维持 10℃；23℃左右有利开花。盆栽培养土用园土和腐叶土各半混合，保持良好排水即可。春季开始生长时须浇水并施肥，春、夏、秋 3 个季节要有一定的空气湿度，注意通风良好。

【园林用途】盆花。

【园艺品种】'锦团'（'Brocade'），'荣誉'（'Glory'）。

冬珊瑚

dōng shān hú

【别　　名】珊瑚樱、辣头
【学　　名】*Solanum pseudo-capsicum*
[so-*lah*-num soo-*do*-*kăp*-si-kum]
【英 文 名】Jerusalem Cherry
【科　　属】茄科，茄属
【产　　地】巴西
【特　　征】多年生草花，株高 30 ～ 50cm。茎直立，基部木质化。叶互生，椭圆状卵形，叶缘波状。花腋生，白色，较小。浆果圆形，橙黄或橙红色，有“圣诞樱桃”之称。
【繁　　殖】播种，21℃，15 天发芽。
【栽　　培】阳性。半耐寒，喜温暖，夏天宜露地栽培，生长在夜温 15℃以上的通风环境；故秋凉后，霜降前宜进温室栽培。土壤适应性广，通气、肥沃、湿润。忌伤根，否则影响生长引起落叶落果。生长期供水、供肥均匀，充分。可以秋季修剪，作多年生栽培。
【园林用途】盆栽。

金银茄

jīn yín qié

【学　　名】*Solanum texanum*

[so-*lah*-num teks-*ah*-num]

【科　　属】茄科，茄属

【产　　地】热带和温带地区

【特　　征】一年生花卉，株高 30 ～ 40cm，全株被毛。茎直立。单叶对生，宽卵形，具粗锯齿，叶基歪斜，花柄着生于节间。果型较大，似小鸡蛋，腋生，先白色渐变金黄色。

【繁　　殖】播种，春季进行。

【栽　　培】阳性。半耐寒，喜温暖，通风环境，土壤适应性广，通气、肥沃、湿润。生长期供水，供肥均匀，充分。

【园林用途】盆栽。

桂圆菊

gùi yuán jú

【别　　名】桂圆花、千日菊、金纽扣
【学　　名】*Spilanthes oleracea*
[spil-*anth*-es o-le-*rah*-kee-a]
【同 义 名】*Acmella oleracea*
【科　　属】菊科，金纽扣属
【产　　地】亚洲热带地区
【特　　征】一年生花卉，株高 30 ～ 40cm。多分枝。叶对生，广卵形，边缘有锯齿，叶色暗绿。头状花序，无舌状花，开花前期呈圆球形，后期长圆形；花色黄褐色。花期 7 ～ 10 月。
【繁　　殖】播种，春季进行。
【栽　　培】阳性。半耐寒，喜温暖，通风环境，土壤适应性广，通气、肥沃、湿润。生长期供水，供肥均匀，充分。
【园林用途】花坛和盆栽。
【园艺品种】'千里眼'（'Peek-A-Boo'）。

海角樱草 hǎi jiǎo yīng cǎo

【别　　名】扭果花
【学　　名】*Streptocarpus* × *hybridus*
[strep-to-*kar*-pus *hib*-ri-dus]
【英 文 名】Cape Primrose
【科　　属】苦苣苔科，海角苣苔属
【产　　地】南非
【特　　征】多年生草本，常作二年生栽培，植株低矮。叶基生，宽卵形，叶形较大，暗绿色，叶面皱褶。多花性，喇叭型花冠；花色有白、粉、紫红以及双色品种。春季开花。
【繁　　殖】秋季播种。也可在生长期进行，一般在春季叶片扦插。
【栽　　培】半阴性。宜通风良好环境。喜温暖，冬季生长宜 18℃以上，夏季忌高温。华东地区作二年生栽培。
【园林用途】花境、花坛背景、切花。

假马齿苋 jiǎ mǎ chǐ xiàn

【别　　名】杯口花

【学　　名】*Sutera hybrida*
[sew-*te*-ra *hib*-ri-da]

【同 义 名】*Bacopa hybrida, Sutera cordata*

【英 文 名】Bacopa

【科　　属】玄参科，假马齿苋属

【产　　地】非洲南部

【特　　征】多年生草本，蔓性，被柔毛。茎多分枝。叶对生，圆卵形，具圆钝锯齿。花腋生，花小，5 裂，裂片平展，多花性，花白色，有紫色、紫红等品种。春夏秋开花。

【繁　　殖】初秋播种；或春季嫩枝扦插。

【栽　　培】阳性，忌夏季烈日，耐半阴。半耐寒，生长适温 18 ~ 25℃。要求土壤排水良好，耐水湿，pH 5.9 ~ 6.4。用 20-10-20 的复合肥料。

【园林用途】作悬挂花篮、组合盆栽等。

【园艺品种】‘仙境’（‘Wonderland’）。

万寿菊 wàn shòu jú

【别　　名】臭芙蓉、蜂窝菊

【学　　名】*Tagetes erecta*

[ta-*gay*-teez *e*-rek-ta]

【英 文 名】American Marigold, African Marigold

【科　　属】菊科，万寿菊属

【产　　地】墨西哥

【特　　征】株高 30 ～ 90cm。茎绿色，直立，较粗壮。叶羽状全裂，锯齿均匀。头状花序，总花梗较长，花重瓣性，花型变化主要有：蜂窝型、芍药型等；花色有淡黄至橙黄。花期夏秋。

【繁　　殖】播种，介质要求轻质，湿润。21 ～ 24℃，3 ～ 5 天发芽。

【栽　　培】阳性，短日照习性。每天仅限日照 9 小时有利开花。不耐寒，夏季高温，多雨生长不良，株型变松，变高。适温为 18℃。生长粗放，对土壤要求不严，生长期多施肥。

【园林用途】花坛、花境、盆栽、切花。

【园艺品种】'美亚'（'Maya'），'安提瓜'（'Antigua'），'梦之月'（'Moonstruck'），'奇迹'（'Marvel'），'发现'（'Discovery'），'印卡'（'Inca'），'贵夫人'（'Lady'），'甜脂'（'Sweet Cream'）。

孔雀草 kǒng què cǎo

【别　　名】红黄草、小万寿菊
【学　　名】*Tagetes patula*
[ta-*gay*-teez *păt*-ew-la]
【英 文 名】French Marigold
【科　　属】菊科，万寿菊属
【产　　地】墨西哥
【特　　征】植株较矮小，30 ~ 50cm。枝条外倾性。叶羽状全裂，叶色较深。头状花序较小，有长花梗，有单瓣、半重瓣、重瓣，花色有淡黄至橙黄。花期夏秋。
【繁　　殖】播种，介质要求轻质，湿润，播种须覆土。21 ~ 24℃，3 ~ 5 天发芽。
【栽　　培】阳性，短日照习性。每天仅限日照 9 小时有利开花。不耐寒，适温为 18℃。生长粗放，对土壤要求不严，在栽培过程中，可以通过摘心，扩大株幅，增加开花数。
【园林用途】花坛、花境、盆栽、切花。
【园艺品种】'鸿运'（'Bonanza'），'巨兽'（'Jumbo'），'迪斯科'（'Disco'），'杰妮'（'Janie'），'小英雄'（'Little Hero'），'迪阿哥'（'Durango'），'奖金'（'Bounty'），'男孩'（'Boy'）。

细叶万寿菊

xì yè wàn shòu jú

【别　　名】金星菊

【学　　名】*Tagetes tenuifolia*
[ta-*gay*-teez ten-ew-i-*fo*-lee-a]

【同 义 名】*Tagetes signata*

【英 文 名】Signet Marigold

【科　　属】菊科，万寿菊属

【产　　地】南美洲

【特　　征】一年生草本，株高约30cm，有强烈气味。叶羽状全裂，纤细，腺点发达。头状花序较小，有长花梗，花较小，多花性，黄色，舌状花仅数轮。花期8 ~ 9月盛花，6 ~ 11月均有花可赏。

【繁　　殖】春播，发芽温度21℃以上，7天左右发芽。

【栽　　培】要求阳光充足。不耐寒，夏季高温、高湿生长不良。适宜夏季凉爽的北方地区生长。

【园林用途】花坛或盆栽。

翼叶山牵牛 yì yè shān qiān niú

【别　　名】山牵牛、黑眼苏珊、翼叶老鸭咀

【学　　名】*Thunbergia alata*
[thun-*beg*-ee-a ah-*lah*-ta]

【英 文 名】Black-eyed Susan

【科　　属】爵床科，山牵牛属

【产　　地】南非

【特　　征】一年生草本，茎细长，缠绕藤本，全株近无毛。单叶互生，三角状卵形，高脚碟状花冠，筒部较大，喉部褐色；花色为黄、橙、白色。花期夏秋。

【繁　　殖】春季播种。

【栽　　培】阳性，不耐寒，生长温度较高，夜温在 10℃以上，喜肥沃，湿润的土壤。

【园林用途】花架，也可盆栽。

【园艺品种】‘苏丝’（‘Susie’）。

圆叶肿柄菊

yuán yè zhǒng bǐng jú

【别　　名】肿柄菊
【学　　名】*Tithonia rotundifolia*
[tee-*tho*-nee-a ro-tun-di-*fo*-lee-a]
【同 义 名】*Tithonia speciosa*
【英 文 名】Mexican Sunflower
【科　　属】菊科，肿柄菊属
【产　　地】墨西哥及中美洲
【特　　征】多年生草本，株高 90 ～ 120cm。枝条直立，分枝多。单叶互生，卵形近菱形，有锯齿，具长柄。头状花序，花柄肿大；花色橙黄。夏秋开花。
【繁　　殖】春季播种。
【栽　　培】阳性，不耐寒，不择土壤，生长旺盛。
【园林用途】花境、切花。
【园艺品种】'圣日'（'Fiesta del Sol'）。

蓝猪耳

lán zhū ěr

【别　　名】夏堇

【学　　名】*Torenia fournieri*

[to-reen-*ee*-a four-nee-*e*-ree]

【英 文 名】Wishbone Flower

【科　　属】玄参科，夏堇属

【产　　地】分布亚非热带

【特　　征】株高 30cm。茎光滑，具 4 棱，多分枝，披散状。叶对生，卵形，有锯齿，秋天叶变红色。花顶生，唇形花冠，花冠筒状；淡雪青色，上唇淡雪青，下唇黄紫色，喉部有黄斑；也有白色品种。夏秋开花。

【繁　　殖】播种，22 ~ 24℃，7 ~ 15 天出苗。

【栽　　培】阳光充足，耐轻阴。不耐寒，生长期间需水较多，宜种于排水良好的土壤中。

【园林用途】花坛、盆花。

【园艺品种】'小丑'（'Clown'），'熊猫'（'Panda'），'公爵夫人'（'Duchess'）。

旱金莲 hàn jīn lián

【别　　名】金莲花、旱荷花

【学　　名】*Tropaeolum majus*

[tro-*pie*-o-lum *mah*-yus]

【英 文 名】Garden Nasturtium

【科　　属】金莲花科，金莲花属

【产　　地】秘鲁

【特　　征】一二年栽培，全株光滑。茎直立性不强，半肉质，分枝柔软。单叶互生，近对生，叶柄长，盾形叶，圆卵形。花单生，有距花冠，单瓣或重瓣。花黄、橙、橙红色。花期春季或秋季。

【繁　　殖】播种为主，春播或秋播。

【栽　　培】阳性。半耐寒，土壤要注意不宜过湿或过干，以轻肥土为宜。可以盆栽，一般须用竹片整形，提高观赏价值。

【园林用途】盆栽、花坛。

【园艺品种】‘阿拉斯加’（‘Alaska’）。

毛蕊花 máo ruǐ huā

【别　　名】假毒鱼草、毛蕊草
【学　　名】*Verbascum thapsus*
[ver-*bǎs*-kum *thǎp*-sus]
【英 文 名】Hag Taper
【科　　属】玄参科，毛蕊花属
【产　　地】欧洲、亚洲的温带地区
【特　　征】株高可达 120 ~ 150cm，全株被有厚绒毛。茎直立，粗壮。叶莲座状丛生，叶片较大，矩圆形，密被厚绒毛；茎生叶互生。穗状花序，花冠辐射状，檐部深 5 裂，通常黄色，也有白色。花期 5 ~ 6 月。
【繁　　殖】播种，黑暗有利发芽，一般次春不易开花。
【栽　　培】阳性。耐寒性强。土壤适应性广，排水良好即可。生长强健。
【园林用途】花境、切花。
【园艺品种】'南魔'（'Southern Charm'）。

美女樱 mĕi nǚ yīng

【别　　名】四季绣球、铺地马鞭草、美人樱、铺地锦

【学　　名】*Verbena × hybrida*

[ver-*bay*-na *hi*-bri-da]

【英 文 名】Garden Verbena

【科　　属】马鞭草科，美女缨属

【产　　地】分布美洲热带

【特　　征】多年生草本，全株被毛，株高 20 ~ 30cm。茎直立性不强，外倾性，常有 4 棱，木质化。叶对生，长圆形至长圆状卵形，边缘有不整齐的矩齿。穗状花序，小花高脚蝶型，花色丰富，红、粉红、白色、紫及各种双色种。花期 4 ~ 10 月。

【繁　　殖】播种，发芽温度 18℃，约 20 天发芽。

【栽　　培】阳光充足。半耐寒，生长适温 16℃，夜温 10℃以上。对土壤水湿很敏感，宜一次浇足。

【园林用途】花坛、盆栽观赏。

【园艺品种】'罗曼史'（'Romance'），'蔓雅'（'Elegance'），'迷神'（'Obsession'），'托斯卡尼'（'Tusscany'），'水晶'（'Quartz'）。

细叶美女樱　xì yè měi nǚ yīng

【别　　名】铺地马鞭草

【学　　名】*Verbena tenera*

[ver-*bay*-na ten-*ee*-ra]

【英 文 名】Verbena

【科　　属】马鞭草科，美女缨属

【产　　地】美洲热带

【特　　征】多年生草本，全株被毛，株高 20 ~ 30cm。茎直立性不强，外倾性，常有 4 棱，木质化。叶对生，长圆状卵形，羽桩深裂。穗状花序，小花高脚蝶型，花色丰富，红，粉红，白色，紫，及各种双色种。花期 4 ~ 10 月。

【繁　　殖】播种，发芽温度 18℃，约 20 天发芽。园艺品种多数为营养繁殖。

【栽　　培】阳光充足。半耐寒，生长适温 16℃，夜温 10℃以上。对土壤的水湿很敏感，宜一次浇足。

【园林用途】花坛、盆栽观赏。

角堇 jiǎo jǐn

【学　　名】*Viola cornuta*

[vee-*o*-la kor-*new*-ta]

【英 文 名】Viola

【科　　属】堇菜科，堇菜属

【产　　地】欧洲南部

【特　　征】植株匍匐状丛生，开展，株高 15 ~ 20cm。多分枝，枝条三棱状。基生叶长圆形至卵状披针形有锯齿。花单生叶腋，多花性，花朵小，一般花径 4cm 以下；花色主要有白、淡黄及橙黄，淡雪青色至紫堇色，深红，杂色。花期 3 ~ 6 月。

【繁　　殖】播种，发芽温度一般 15 ~ 20℃，10 天左右出苗。

【栽　　培】阳光充足，能耐半阴，环境要求通风良好。耐寒，生长适温 7 ~ 15℃。要求湿润、肥沃的土壤。

【园林用途】组合盆栽、岩石园布置。

【园艺品种】'阿尔卑斯'（'Alpine'），'小钱币'（'Penny'）'娃娃脸'（'Babyface'），'果汁冰糕'（'Sorbet'），'公主'（'Princess'），'宝石'（'Jewel'）。

三色堇

sān sè jǐn

【别　　名】蝴蝶花、鬼脸花、猫儿脸、人面花

【学　　名】*Viola × wittrockiana*

[vee-*o*-la vit-rok-ee-*ah*-na]

【同 义 名】*Viola tricolor*

【英 文 名】Pansy

【科　　属】堇菜科，堇菜属

【产　　地】欧洲南部

【特　　征】花园中广泛应用的是园艺杂交种的品种，原种（*V. tricolor*）已不见应用。株高 15 ～ 30cm。多分枝，直立性差，枝条三棱状。基生叶及幼叶浑圆形，有圆钝锯齿，叶柄明显。花单生叶腋，花朵大，花径 6cm 以上；花色主要有白、淡黄及橙黄，淡雪青色至紫堇色，深红，杂色。花期 3 ～ 6 月。

【繁　　殖】播种，发芽温度一般 15 ～ 20℃，10 天左右出苗。

【栽　　培】阳光充足，能耐半阴，环境要求通风良好。耐寒，但注意防寒，本种不适应夏季酷热。生长适温 7 ～ 15℃，当高于 20℃时生长不良。要求湿润、肥沃的土壤。比较喜肥，幼苗期施肥特别重要。

【园林用途】冬春季节花坛布置、盆栽观赏。

【园艺品种】'巨人'（'Colossus'），'得大'（'Delta'），'宾哥'（'Bingo'），'皇冠'（'Crown'），'卡玛'（'Karma'），'天空'（'Sky'）。

小百日草 xiǎo bǎi rì cǎo

【别　　名】细叶百日草、小朝阳

【学　　名】*Zinnia angustifolia*

[*zin*-ee-a ang-gus-ti-*fo*-lee-a]

【同 义 名】*Zinnia haageana*

【科　　属】菊科，百日草属

【产　　地】南美洲

【特　　征】一年生草本，株高 25 ~ 40cm。茎多分枝，纤细，被毛。叶对生，条状披针形，基部 3 出脉，全缘。头状花序较小，径 2cm 左右，单瓣，橙黄色、黄色。花期夏秋。

【繁　　殖】播种，发芽 21℃以上，7 天左右出苗。

【栽　　培】要求阳光充足，不耐寒，不宜过热，夏季生长不良，或开花变小。

【园林用途】花坛、组合盆栽。

【园艺品种】'明星'（'Star'），'白水晶'（'Crystal White'）。

百日草

bǎi rì cǎo

【别　　名】百日菊、对叶梅、步步高

【学　　名】*Zinnia elegans*

[*zin*-ee-a *ay*-le-gahnz]

【同 义 名】*Zinnia gracillima*

【英 文 名】Zinnia

【科　　属】菊科，百日草属

【产　　地】以墨西哥为中心的邻近地区

【特　　征】一年生草本，株高 40 ～ 120cm。茎直立，粗状，被短毛。对生叶，抱茎，卵形至椭圆形，基部 3 出脉，全缘。头状花序，单生枝顶，花型甚多；花色丰富，各种黄、白、红以及双色种。花期 7 月至“降霜”。

【繁　　殖】春播，发芽温度 21℃以上，7 天左右发芽。

【栽　　培】要求阳光充足。不耐寒，不宜过热，夏季生长不良，栽培时要注意夏季高温多雨为害，尤其矮生种。适应一般园土。高茎类夏季要注意防风，以免倒伏。栽培时移植，宜早不宜晚，尽量带泥球，移植后可以适当摘心。

【园林用途】花坛、切花。

【园艺品种】‘梦境’（‘Dreamland’），‘麦哲伦’（‘Magellan’），‘丰盛’（‘Profusion’）。

学名索引

英文名索引

中文名索引

参考文献

苏雪痕，李湛东. 花卉名称（中华人民共和国林业行业标准）. 国家林业局，2000.

中国科学院植物研究所编. 新编拉汉英植物名称. 北京：航空工业出版社，1996.

Allen J. Coombes. Dictionary of Plant Names. Timber Press, 1994.

Royal Horticultural Society. Index of Garden Plants. Timber Press, 1995.

New Pronouncing Dictionary of Plant Names. Florists' Publishing Co., 1979.